数学のかんどころ 1

内積・外積・空間図形を通して

ベクトルを深く理解しよう

飯高 茂 著

共立出版

編集委員会

飯高　　茂　（学習院大学）
中村　　滋　（東京海洋大学名誉教授）
岡部　恒治　（埼玉大学）
桑田　孝泰　（東海大学）

本文イラスト
飯高　　順

「数学のかんどころ」刊行にあたって

数学は過去，現在，未来にわたって不変の真理を扱うものであるから，誰でも容易に理解できてよいはずだが，実際には数学の本を読んで細部まで理解することは至難の業である．線形代数の入門書として数学の基本を扱う場合でも著者の個性が色濃くでるし，読者はさまざまな学習経験をもち，学習目的もそれぞれ違うので，自分にあった数学書を見出すことは難しい．山は１つでも登山道はいろいろあるが，登山者にとって自分に適した道を見つけることは簡単でないのと同じである．失敗をくり返した結果，最適の道をみつけ登頂に成功すればよいが，無理した結果諦めることもあるであろう．

数学の本は通読すら難しいことがあるが，そのかわり最後まで読み通し深く理解したときの感動は非常に深い．鋭い喜びで全身が包まれるような幸福感にひたれるであろう．

本シリーズの著者はみな数学者として生き，また数学を教えてきた．その結果えられた数学理解の要点（極意と言ってもよい）を伝えるように努めて書いているので読者は数学のかんどころをつかむことができるであろう．

本シリーズは，共立出版から昭和 50 年代に刊行された，数学ワンポイント双書の 21 世紀版を意図して企画された．ワンポイント双書の精神を継承し，ページ数を抑え，テーマをしぼり，手軽に読める本になるように留意した．分厚い専門のテキストを辛抱強く読み通すことも意味があるが，薄く，安価な本を気軽に手に取り通読して自分の心にふれる個所を見つけるような読み方も現代的で悪くない．それによって数学を学ぶコツが分かればこれは大きい収穫で一生の財産と言えるであろう．

「これさえ摑めば数学は少しも怖くない，そう信じて進むといいですよ」と読者ひとりびとりを励ましたいと切に思う次第である．

編集委員会と著者一同を代表して

飯高　茂

はじめに

本書はベクトルや行列を少し勉強したがどうもよく分からないという悩みを持つ人を対象に書かれたものである．何でも書いてあるスーパーのような実用教科書ではなく，気のきいた専門店のようなベクトルの参考書でありたいと思っている．

さて高校数学のカリキュラムから立体幾何がなくなった代わりに，高校では空間ベクトルが少し取り上げられるようになった．しかしそれでは不十分なのであろう．結果として学生の空間認識が十分でなくなってきた．一方，世の中はITが日常化し，3Dも普及してきた．そのため大学で空間図形がよくわかるような講義をする必要性を痛感するようになり，3次元のベクトル計算，とくにベクトル積（外積ともいう）を重点的に扱うようにした．しかし講義の時間が十分とれないので，学生諸君がベクトル積を使いこなすまでにはいかないのが実状である．そこで，ベクトル積について詳しく述べ，それを軸に多くの数学が互いに結びつきながら発展する様を記述することを基本方針にした．しかしシリーズの性格上ページ数の制約が強く簡潔な表現を心がけた．

ある海洋冒険小説の作家が，作中の人物が帆船にのって海洋にでると作家本人も海の匂いを嗅ぎ，潮風を感じるのだと書いていた．そして作中の人物が潮風を感じつつ自ら行動し，しゃべりだす．作

図 0-1 ドジソン，C. L. Dodgeson：イギリスの数学者，1832–1898. 一般の連立方程式の解を論じた *An Elementary Treaties on Determinants*，を 1867 年に刊行．n 変数 m 個の線形方程式で係数行列の階数 r が場合の一般な解をあたえた．ただし，階数や線形独立の概念はフロベニウス，1879 年の研究による．ドジソンはルイス・キャロルの筆名で『不思議の国のアリス』を書くなど作家としても著名．

者はそれを聞いてひたすらタイプする．読み返して修正するとリズムが狂うので，ひたすら打ち続けるのだという．

本書の執筆中，私自身にとって潮風にあたるものがベクトル積であり，また 4 元数であった．彼らを登場させると，当初の意図を大きく超えて自ら行動し範囲を拡げる．著者である私は導かれるままに大海原での航海を強いられているような錯覚を覚えた．

数学者の似顔絵は Wikipedia から写真を採取し，保育士である飯高順が作成した．似顔絵を繰り返し見るとシュワルツ，ラグランジュ，ハミルトン，ケプラーらの偉大な数学者たちが数学を直接語りかけてくるような気持ちになるであろう．

本書の校正段階で，名和田雅子さんと染山大介さんはいくつも有益な助言をして下さった．厚く感謝する．

2011 年 3 月 目白の研究室にて

飯高 茂

目　次

第 1 章

ベクトルの序章

高校生にとってベクトルはもっとも理解しがたいものの 1 つであろう．理系の大学に入学したばかりの学生に「ベクトルとは何ですか？」と尋ねて，高校生のときのベクトルの理解を調べる．すると「大きさと向きのあるものです」との答えが多い．高校生にとってベクトルとは，矢印で表された記号そのものである．さらに成分ベクトルも習うがそれらの関連の理解は必ずしも十分でない．一方，大学に入ると初年次ではまず成分ベクトルの学習をする．縦や横に並べた数字列に加法とスカラー倍を考えたものがベクトルの例である．大学の数学で習うベクトルでは図形の研究という面が弱いので，高校数学でのベクトルと離れてしまい，ベクトルの理解が十分進まないままで終えることになりがちである．本章ではベクトルを明確に正しく理解できるようになることを目指す．

1.1 ベクトルとは何だろう

平行移動

平面上の2点A, Bを矢印で結ぶと（矢印）ベクトル $\overrightarrow{\mathrm{AB}}$ ができる．さて別にある2点A′, B′を矢印で結ぶとき，$\overrightarrow{\mathrm{AB}} = \overrightarrow{\mathrm{A'B'}}$ はいつ成り立つか？

2点A′, B′を同時に平行移動して2点A, Bに重ねることができるとき $\overrightarrow{\mathrm{AB}} = \overrightarrow{\mathrm{A'B'}}$ と書くのである．このとき図形的には四角形AA′B′Bが平行四辺形になる．

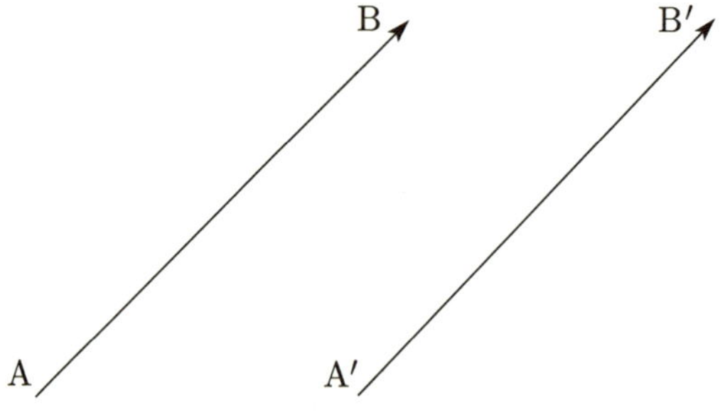

図 1-1　ベクトル

ただし，A = A′, B = B′ のときは四角形AA′B′Bはつぶれて単なる線分になってしまうが，この場合は平行四辺形の特別な場合と見なすことにする．

2点A′, B′を同時に平行移動するとき，2点A′, B′を結んだ線分上の点も同時に平行移動されるので，線分A′B′を平行移動して線分ABに重ねると言ってもよい．ただし，線分ABと線分BAを区別したいので向きを考えに入れて，有向線分 (directed line segment) AB という．また有向線分 AB の A を始点 (initial point), B を終点 (terminal point) という．

ここで平行移動するといったが，平面上の移動なので詳しくは x 軸に沿って（たとえば）α，y 軸に沿って β だけ平行移動するという．この場合，原点 $(0,0)$ は点 (α,β) に移る．

このとき点 $\mathrm{A}'(a'_1,a'_2)$ は点 $\mathrm{A}(a_1,a_2)$ に移り，点 $\mathrm{B}'(b'_1,b'_2)$ は点 $\mathrm{B}(b_1,b_2)$ に移るとすると，

- $a_1=a'_1+\alpha$, $a_2=a'_2+\beta$,
- $b_1=b'_1+\alpha$, $b_2=b'_2+\beta$.

これから

- $\alpha=a_1-a'_1$, $\beta=a_2-a'_2$,
- $\alpha=b_1-b'_1$, $\beta=b_2-b'_2$

を得るので

- $a_1-a'_1=b_1-b'_1$,
- $a_2-a'_2=b_2-b'_2$

により，

- $b_1-a_1=b'_1-a'_1$,
- $b_2-a_2=b'_2-a'_2$.

すなわち $\overrightarrow{\mathrm{AB}}=\overrightarrow{\mathrm{A'B'}}$ なら $(b_1-a_1,b_2-a_2)=(b'_1-a'_1,b'_2-a'_2)$ となり，成分ベクトル (b_1-a_1,b_2-a_2) が確定するので，これを $\overrightarrow{\mathrm{AB}}$ の定める成分ベクトルという．両者を同一のものとして扱う．

さて，一般に（2 次元）成分ベクトル $\overrightarrow{u}=(a,b)$ の大きさを $\sqrt{a^2+b^2}$ で定義し $|\overrightarrow{u}|$ と書く．$\overrightarrow{u}\neq\mathbf{0}$ のとき $\overrightarrow{p}=\dfrac{\overrightarrow{u}}{|\overrightarrow{u}|}$ は大きさが 1 のベクトルになるので，これをベクトル $\overrightarrow{u}$ の向きという．$\overrightarrow{p}=(\cos\theta,\sin\theta);(0\leqq\theta<2\pi)$ とおくと角度 θ が決まる．ただし，ベクトル $\mathbf{0}$ の向きは定義できない．ベクトル $\mathbf{0}$ はどんなベクトルに対しても平行になり，かつ直交もしていると考えてよい．

逆に正の数 r，角度 θ が与えられれば $(r\cos\theta, r\sin\theta)$ によって成分ベクトルが定まる．このようにして，矢印ベクトル，成分ベクトル，大きさと向きのある量3者の関連が明確にされた．

ここでは，成分ベクトルを基礎にして数量化し説明した．向きも単位ベクトルの定める角として説明したのでわかりやすくなった．しかし，そのためには座標を決めておく必要がある．座標の取り方はいろいろあるので，座標に依存して考えることは不純だといわれかねないが，わかりやすいので許してほしい．

フランスの高校のようにベクトルを平行移動 T として理解することもできる．このときも座標を利用するとよい．平行移動 T は x 軸に沿って α，y 軸に沿って β だけ移動するとき，対応する成分ベクトルは (α, β) であるとする．このとき T によって原点は点 (α, β) に移動されるのである．

成分ベクトルが (α', β') の平行移動を T' と書くとき，平行移動 T と T' を続けて行ってできた平行移動の成分ベクトルは $(\alpha+\alpha', \beta+\beta')$ になる．

記　法

成分ベクトルを (α, β) と書くと，点 (α, β) と混同しやすい．そこで成分ベクトルを行ベクトル $(\alpha \quad \beta)$ または列ベクトル $\begin{pmatrix} \alpha \\ \beta \end{pmatrix}$ で表すことにしよう．本書では列ベクトルを主に扱う．

その結果，2変数 x, y についての連立方程式

$$ax + by = p, \quad cx + dy = q$$

は行列と列ベクトルで次のように書ける．

$$\begin{pmatrix} a & b \\ c & d \end{pmatrix}\begin{pmatrix} x \\ y \end{pmatrix} = \begin{pmatrix} p \\ q \end{pmatrix}$$

一方，2 次行列 $A = \begin{pmatrix} a & b \\ c & d \end{pmatrix}$ の行列式を $\begin{vmatrix} a & b \\ c & d \end{vmatrix}$ と縦棒で挟んで書くのが歴史的記法であり，定義式は $ad - bc$ である．これを用いると，連立方程式の解は $ad - bc \neq 0$ のとき

$$x = \frac{\begin{vmatrix} p & b \\ q & d \end{vmatrix}}{\begin{vmatrix} a & b \\ c & d \end{vmatrix}}, \quad y = \frac{\begin{vmatrix} a & p \\ c & q \end{vmatrix}}{\begin{vmatrix} a & b \\ c & d \end{vmatrix}} \tag{1.1}$$

と表される．これを **2 元の場合のクラメルの公式**という．

1.2 空間ベクトル

本書では（3 次元）空間ベクトルを主に扱う．したがって，ベクトル $\begin{pmatrix} \alpha \\ \beta \\ \gamma \end{pmatrix}$ などを取り扱う．

ベクトルを示す記号として，高校数学では伝統的な矢印を用いる記号，たとえば $\vec{x}$ を用いているが，本書では，ベクトルを表すとき太字の字体 $\boldsymbol{x}$ などを用いることにしよう．矢印記号 $\vec{a}, \vec{b}$ のような風変わりな記号ではなく字体をやや変えただけの $\boldsymbol{a}, \boldsymbol{b}$ などを使うことは数学の世界では今や一般的なことである．これはベクトルが普通に使われるようになったことの反映であろう．

ベクトルでは加法とスカラー倍が基本である．$\alpha, \beta, \gamma, \alpha', \beta', \gamma'$, k を数とするとき，加法とスカラー倍が次のように定義される．

$$\begin{pmatrix} \alpha \\ \beta \\ \gamma \end{pmatrix} + \begin{pmatrix} \alpha' \\ \beta' \\ \gamma' \end{pmatrix} = \begin{pmatrix} \alpha + \alpha' \\ \beta + \beta' \\ \gamma + \gamma' \end{pmatrix}; \quad k \begin{pmatrix} \alpha \\ \beta \\ \gamma \end{pmatrix} = \begin{pmatrix} k\alpha \\ k\beta \\ k\gamma \end{pmatrix}$$

次の関係が成り立つことは容易に確かめられる．

命題 1.1

ベクトル $\boldsymbol{a},\boldsymbol{b},\boldsymbol{c}$ と数 k,k' について次の式が成り立つ.

$$\begin{aligned}
\boldsymbol{a}+\boldsymbol{b} &= \boldsymbol{b}+\boldsymbol{a} && \text{(交換法則)}\\
(\boldsymbol{a}+\boldsymbol{b})+\boldsymbol{c} &= \boldsymbol{a}+(\boldsymbol{b}+\boldsymbol{c}) && \text{(結合法則)}\\
1\boldsymbol{a} &= \boldsymbol{a} && \text{(1 の性質)}\\
k(\boldsymbol{a}+\boldsymbol{b}) &= k\boldsymbol{a}+k\boldsymbol{b} && \text{(分配法則)}\\
(k+k')\boldsymbol{a} &= k\boldsymbol{a}+k'\boldsymbol{a} && \text{(分配法則)}\\
kk'\boldsymbol{a} &= k(k'\boldsymbol{a}) && \text{(結合法則)}
\end{aligned}$$

3元の場合のクラメルの公式

3次行列 $A=\begin{pmatrix} a_{11} & a_{12} & a_{13}\\ a_{21} & a_{22} & a_{23}\\ a_{31} & a_{32} & a_{33}\end{pmatrix}$ の行列式は $\begin{vmatrix} a_{11} & a_{12} & a_{13}\\ a_{21} & a_{22} & a_{23}\\ a_{31} & a_{32} & a_{33}\end{vmatrix}$ または $\det A$ と書かれ，その定義式は

$$a_{11}a_{22}a_{33}+a_{12}a_{23}a_{31}+a_{13}a_{21}a_{32}$$
$$-a_{11}a_{23}a_{32}-a_{13}a_{22}a_{31}-a_{12}a_{21}a_{33}$$

である.

3次元列ベクトル $\boldsymbol{a},\boldsymbol{b},\boldsymbol{c}$ を横に並べてできた行列を $(\boldsymbol{a}\quad\boldsymbol{b}\quad\boldsymbol{c})$ と書く．またその行列式を $|\boldsymbol{a}\quad\boldsymbol{b}\quad\boldsymbol{c}|$ と書く.

列ベクトル $\boldsymbol{p}$ を定数項においた未知数 x,y,z についての3次の連立方程式は

$$x\boldsymbol{a}+y\boldsymbol{b}+z\boldsymbol{c}=\boldsymbol{p} \tag{1.2}$$

と書くことができる．$A=(\boldsymbol{a}\quad\boldsymbol{b}\quad\boldsymbol{c})$ とおくとき，x,y,z を成分とするベクトルを $\boldsymbol{x}$ とすれば，連立方程式 (1.2) は

$$Ax = \boldsymbol{p} \tag{1.3}$$

と書き直すことができるが，$|\boldsymbol{a}\ \ \boldsymbol{b}\ \ \boldsymbol{c}| \neq 0$ のとき解は

$$x = \frac{|\boldsymbol{p}\ \ \boldsymbol{b}\ \ \boldsymbol{c}|}{|\boldsymbol{a}\ \ \boldsymbol{b}\ \ \boldsymbol{c}|},\quad y = \frac{|\boldsymbol{a}\ \ \boldsymbol{p}\ \ \boldsymbol{c}|}{|\boldsymbol{a}\ \ \boldsymbol{b}\ \ \boldsymbol{c}|},\quad z = \frac{|\boldsymbol{a}\ \ \boldsymbol{b}\ \ \boldsymbol{p}|}{|\boldsymbol{a}\ \ \boldsymbol{b}\ \ \boldsymbol{c}|} \tag{1.4}$$

で与えられる．これを**3元の場合のクラメルの公式**という．証明は第3章3.3節を参照.

これから分母を払えば次の式が得られる．

$$|\boldsymbol{p}\ \ \boldsymbol{b}\ \ \boldsymbol{c}|\boldsymbol{a} + |\boldsymbol{a}\ \ \boldsymbol{p}\ \ \boldsymbol{c}|\boldsymbol{b} + |\boldsymbol{a}\ \ \boldsymbol{b}\ \ \boldsymbol{p}|\boldsymbol{c} = |\boldsymbol{a}\ \ \boldsymbol{b}\ \ \boldsymbol{c}|\boldsymbol{p} \tag{1.5}$$

3次の列ベクトル $\boldsymbol{a}, \boldsymbol{b}, \boldsymbol{c}, \boldsymbol{p}$ は総計4つある．これらの間に成り立つ1次結合の関係を上式が1つ与えている．

コラム　風はベクトルか

「北東の風，風力 3」というとき，北東から南西の向きで風力 3，すなわち秒速 3.4 メートルから 5.4 メートルの風を意味する．向きと大きさを持つから風はベクトル（または有向線分）の一例であると高校教科書で説明されたこともある．しかし，ベクトルは風のようにとらえがたいものとして印象づけられそうな気もする．風はベクトルの例として適切といえるだろうか．

風は時々刻々変化するから測定の時間をまず決めておくのがいい．さらに測定の地点 P を決めると，風の向きと風力が決定できる．これによってベクトルが定まる．心配なら，角度を元にして単位ベクトルを定めそれに大きさをかけて，成分ベクトルを作る．これは P によって定まるので $\boldsymbol{v}(P)$ と書くことにしよう．こうして，時刻を決めておいたとき，各地点 P で 1 つのベクトルが定まるので $\boldsymbol{v}(P)$ は単なるベクトルではなく，多くのベクトルからなる**ベクトル場**とよばれるものである．

第 2 章

ベクトルの内積

２つのベクトルに対してある数を対応させるのが内積であるが，とくに積とよぶのはなぜだろう．a, b, c, d が数であれば

$$(a+b)(c+d) = ac + ad + bc + bd$$

という計算ができる．

ベクトル $\boldsymbol{a}, \boldsymbol{b}$ の内積を $\boldsymbol{a} \cdot \boldsymbol{b}$ と書く．すると普通の数のときと同じ気持ちで計算できる．実際，

$$(\boldsymbol{a}+\boldsymbol{b}) \cdot (\boldsymbol{c}+\boldsymbol{d}) = \boldsymbol{a} \cdot \boldsymbol{c} + \boldsymbol{a} \cdot \boldsymbol{d} + \boldsymbol{b} \cdot \boldsymbol{c} + \boldsymbol{b} \cdot \boldsymbol{d}$$

内積という普通の積と同じような名前をつけた結果，学習者にとって心理的に抵抗感をもつことなく計算ができるようになったのである．内積によって空間における距離が容易に扱えるようになり，その結果，空間図形の性質がベクトルの計算で解き明かされるようになった．

コンピュータは現代社会において欠かせない役割をしている．たとえば自動車の設計では車の衝突の様子を数値化してコンピュータ上で仮想的に実現している．その際に大規模な計算をコンピュータで行うがそこでは内積計算を多量に行っている．内積計算なしでは現代社会が成り立たないということができよう．

2.1　内積の定義と性質

ベクトル $\boldsymbol{a} = \begin{pmatrix} a_1 \\ a_2 \\ a_3 \end{pmatrix}$, $\boldsymbol{b} = \begin{pmatrix} b_1 \\ b_2 \\ b_3 \end{pmatrix}$ の各成分どうしをかけてその和をとった数 $a_1b_1 + a_2b_2 + a_3b_3$ を $\boldsymbol{a} \cdot \boldsymbol{b}$ とおき，これを $\boldsymbol{a}$ と $\boldsymbol{b}$ の**内積** (inner product) または**ドット積** (dot product) あるいは**スカラー積** (scalar product) という.

内積の定義を再録すると

$$\boldsymbol{a} \cdot \boldsymbol{b} = a_1b_1 + a_2b_2 + a_3b_3$$

となる.

$\boldsymbol{a} \cdot \boldsymbol{a}$ を簡単に $\boldsymbol{a}^2$ とも書く. しかし $\boldsymbol{a}^3$ などは定義されない.

たとえば,

$\boldsymbol{a} = \begin{pmatrix} 1 \\ 2 \\ 3 \end{pmatrix}$, $\boldsymbol{b} = \begin{pmatrix} -4 \\ 0 \\ 6 \end{pmatrix}$ ならば内積は $\boldsymbol{a} \cdot \boldsymbol{b} = -4 + 18 = 14$ である. また $\boldsymbol{a}^2 = 1 + 4 + 9 = 14$.

内積の結果は数であり，ベクトルではない.

問題 2.1

上で定義されたベクトル $\boldsymbol{a}$ と $\boldsymbol{b}$ に対して

$$\boldsymbol{a} \cdot \boldsymbol{x} = \boldsymbol{b} \cdot \boldsymbol{x} = 0, \quad \boldsymbol{x}^2 = 1$$

を満たすベクトル $\boldsymbol{x}$ を求めよ.

内積の性質

命題 2.2

ベクトル $\boldsymbol{a}, \boldsymbol{b}, \boldsymbol{c}$ と数 k に関して，次の内積の基本性質が成り立つ.

$$\begin{aligned} \boldsymbol{a}\cdot\boldsymbol{b} &= \boldsymbol{b}\cdot\boldsymbol{a} && \text{(交換法則)}\\ k\boldsymbol{a}\cdot\boldsymbol{b} = \boldsymbol{a}\cdot k\boldsymbol{b} &= k(\boldsymbol{a}\cdot\boldsymbol{b}) && \text{(結合法則)}\\ (\boldsymbol{a}+\boldsymbol{c})\cdot\boldsymbol{b} &= \boldsymbol{a}\cdot\boldsymbol{b}+\boldsymbol{c}\cdot\boldsymbol{b} && \text{(分配法則)}\\ \boldsymbol{a}\cdot(\boldsymbol{b}+\boldsymbol{c}) &= \boldsymbol{a}\cdot\boldsymbol{b}+\boldsymbol{a}\cdot\boldsymbol{c} && \text{(分配法則)} \end{aligned}$$

証明は簡単な計算でできるので，ここでは省略する.

これらの性質が成り立つことにより，内積は通常の積と同様の計算ができるのである．たとえば結合法則と分配法則を用いて

$$\begin{aligned} (\boldsymbol{a}+\boldsymbol{b})^2 &= \boldsymbol{a}^2+\boldsymbol{b}\cdot\boldsymbol{a}+\boldsymbol{a}\cdot\boldsymbol{b}+\boldsymbol{b}^2\\ &= \boldsymbol{a}^2+2\boldsymbol{a}\cdot\boldsymbol{b}+\boldsymbol{b}^2. \end{aligned}$$

問題 2.3

ベクトル $\boldsymbol{a}, \boldsymbol{b}$ に対して次を示せ.

(1) $\boldsymbol{a}^2-\boldsymbol{b}^2=(\boldsymbol{a}+\boldsymbol{b})\cdot(\boldsymbol{a}-\boldsymbol{b})$,

(2) $(\boldsymbol{a}+\boldsymbol{b})^2+(\boldsymbol{a}-\boldsymbol{b})^2=2(\boldsymbol{a}^2+\boldsymbol{b}^2)$.

絶 対 値

ベクトル $\boldsymbol{a}$ はその成分がすべて実数のとき実ベクトルとよばれる．以下では，原則として実ベクトルを扱う.

ところで，実数 x は 2 乗すれば非負の数，すなわち $x^2 \geqq 0$.
さらに $x^2=0$ ならば $x=0$.

ベクトルについても同様のことが成り立つ．

$\boldsymbol{a}^2 = \boldsymbol{a} \cdot \boldsymbol{a} = a_1^2 + a_2^2 + a_3^2 \geqq 0$ になる．

$\boldsymbol{a}^2 = 0$ なら，$a_1 = a_2 = a_3 = 0$ となりベクトルとして $\mathbf{0}$. すなわち，$\boldsymbol{a} = \mathbf{0}$ になる．

以上をまとめて次の結果を得る．

命題 2.4

ベクトル $\boldsymbol{a}$ に対して

(1) $\boldsymbol{a}^2 \geqq 0$,

(2) $\boldsymbol{a}^2 = 0$ ならば $\boldsymbol{a} = \mathbf{0}$.

問題 2.5

ベクトル $\boldsymbol{a}, \boldsymbol{b}$ に対して

$$\boldsymbol{a}^2 - \boldsymbol{a} \cdot \boldsymbol{b} + \boldsymbol{b}^2 \geqq 0$$

を示せ．

$\boldsymbol{a}^2 \geqq 0$ なので $\boldsymbol{a}^2$ の正の平方根を $\boldsymbol{a}$ の大きさ (magnitude)，または**絶対値** (absolute value) といい，$|\boldsymbol{a}|$ で示す．

定義により $|\boldsymbol{a}| = \sqrt{\boldsymbol{a}^2}$ なのでこれを 2 乗すると，少しまぎらわしいが $|\boldsymbol{a}|^2 = \boldsymbol{a}^2$ となる．

2.2　コーシー・シュワルツの不等式

次の不等式（コーシー・シュワルツの不等式）はよく知られている．

$$(a_1^2+a_2^2+a_3^2)(b_1^2+b_2^2+b_3^2) \geqq (a_1b_1+a_2b_2+a_3b_3)^2.$$

ここで，等式が成り立つなら

$$\frac{a_1}{b_1}=\frac{a_2}{b_2}=\frac{a_3}{b_3}. \tag{2.1}$$

ただし，$b_1b_2b_3 \neq 0$ と仮定した．

$b_1=0,\ b_2b_3 \neq 0$ なら $\dfrac{a_2}{b_2}=\dfrac{a_3}{b_3}$ だけ考えればよい．

コーシー・シュワルツの不等式の証明は少し先延ばしにして，応用例をまず扱う．

コーシー・シュワルツの不等式の応用

コーシー・シュワルツの不等式は次のような問題を解くとき有用である．

図 2-1 コーシー，Augustin-Louis Cauchy：フランスの数学者，1789-1857

図 **2-2**　シュワルツ，Hermann Schwarz：ドイツの数学者，1843–1921

例題 2.6

$x^2+y^2+z^2=1$ を満たすとき $x+2y+2z$ の最大値を求めよ．また最大値を与えるときの x, y, z を求めよ．

［解］ $x=a_1$, $y=a_2$, $z=a_3$, $1=b_1$, $2=b_2$, $2=b_3$ として使う．$a_1^2+a_2^2+a_3^2=1$, $b_1^2+b_2^2+b_3^2=1+4+4=9$ なので $f=x+2y+2z$ とおけば，コーシー・シュワルツの不等式により

$$(a_1^2+a_2^2+a_3^2)(b_1^2+b_2^2+b_3^2)=9 \geqq (a_1b_1+a_2b_2+a_3b_3)^2=f^2.$$

よって $|f| \leqq 3$ だから $-3 \leqq f \leqq 3$.

これで解としては半分できたことになる．しかし，等号が成り立つ場合を調べないと完全な解答にはならない．

$|f|=3$ が成り立つ場合には式（2.1）より $x=\dfrac{y}{2}=\dfrac{z}{2}$ を満たす．したがって，

$$x^2 + (2x)^2 + (2x)^2 = x^2 + y^2 + z^2 = 1.$$

これから，$x^2 = \dfrac{1}{9}$. よって

$$x = \pm\frac{1}{3},\ y = \pm\frac{2}{3},\ z = \pm\frac{2}{3}.$$

このとき $f = \pm 3$. 複号すべて $+$ のとき $f = 3$ でこれが最大値.

このように，コーシー・シュワルツの不等式を使うときには等号の場合の吟味が大切である.

ベクトルを用いた証明

コーシー・シュワルツの不等式をベクトルを用いて証明しよう.

$$\boldsymbol{a} = \begin{pmatrix} a_1 \\ a_2 \\ a_3 \end{pmatrix},\ \boldsymbol{b} = \begin{pmatrix} b_1 \\ b_2 \\ b_3 \end{pmatrix}$$

とおく. すると，

$$a_1^2 + a_2^2 + a_3^2 = \boldsymbol{a}^2,\ b_1^2 + b_2^2 + b_3^2 = \boldsymbol{b}^2,\ a_1b_1 + a_2b_2 + a_3b_3 = \boldsymbol{a}\cdot\boldsymbol{b}$$

となり，コーシー・シュワルツの不等式は

$$\boldsymbol{a}^2\boldsymbol{b}^2 \geqq (\boldsymbol{a}\cdot\boldsymbol{b})^2$$

と書ける.

さて，$\boldsymbol{a} \neq \boldsymbol{0}$ とし，任意の実数 t に対して $\boldsymbol{v} = t\boldsymbol{a} + \boldsymbol{b}$ とおく.

次に内積 $\boldsymbol{v}\cdot\boldsymbol{v}$ を分配法則を用いて計算する.

$$\begin{aligned} \boldsymbol{v}\cdot\boldsymbol{v} &= (t\boldsymbol{a} + \boldsymbol{b})\cdot(t\boldsymbol{a} + \boldsymbol{b}) \\ &= t^2\boldsymbol{a}\cdot\boldsymbol{a} + t\boldsymbol{b}\cdot\boldsymbol{a} + t\boldsymbol{a}\cdot\boldsymbol{b} + \boldsymbol{b}\cdot\boldsymbol{b}. \end{aligned}$$

$\boldsymbol{b}\cdot\boldsymbol{a} = \boldsymbol{a}\cdot\boldsymbol{b}$ を用い，さらに $\boldsymbol{v}\cdot\boldsymbol{v}$ の代わりに $\boldsymbol{v}^2$ などを用いると

$$\boldsymbol{v}^2 = \boldsymbol{a}^2 t^2 + 2\boldsymbol{a} \cdot \boldsymbol{b} t + \boldsymbol{b}^2$$

と書き換えられるので

$A = \boldsymbol{a}^2$, $B = 2\boldsymbol{a} \cdot \boldsymbol{b}$, $C = \boldsymbol{b}^2$ とおけば $\boldsymbol{v}^2 = At^2 + Bt + C$ となり，$A > 0, \boldsymbol{v}^2 \geqq 0$ を満たす．

すなわち，実数 t によらず

$$At^2 + Bt + C \geqq 0, \quad (A > 0) \tag{2.2}$$

が満たされるので高校の数学 II で習ったようにその判別式 D は非正である．よって

$$D = B^2 - 4AC = 4(\boldsymbol{a} \cdot \boldsymbol{b})^2 - 4\boldsymbol{a}^2 \boldsymbol{b}^2 \leqq 0. \tag{2.3}$$

すなわち

$$(\boldsymbol{a} \cdot \boldsymbol{b})^2 \leqq \boldsymbol{a}^2 \boldsymbol{b}^2. \tag{2.4}$$

これで，コーシー・シュワルツの不等式が示された．

次に，等号の成立する場合を詳しく調べよう．$\boldsymbol{v}^2 = 0$ なら $\boldsymbol{v} = \boldsymbol{0}$ なので $\boldsymbol{v} = t\boldsymbol{a} + \boldsymbol{b}$ によると $t\boldsymbol{a} + \boldsymbol{b} = \boldsymbol{0}$ から $t\boldsymbol{a} = -\boldsymbol{b}$. したがって

$$\frac{a_1}{b_1} = \frac{a_2}{b_2} = \frac{a_3}{b_3} = -\frac{1}{t}$$

となる．言い換えれば $\boldsymbol{a}$ と $\boldsymbol{b}$ は平行である．

コーシー・シュワルツの不等式は n 次元のベクトルについても成立する．その証明方針は上で示したものと全く同じである．このように現代数学で重要な不等式の証明において高校数学の判別式が大活躍するのである．高校数学を甘く見てはならないことがわかる．

2.3 幾何ベクトル

3次元空間内の2点 P_1, P_2 について P_1 と P_2 の座標をそれぞれ (x_1, y_1, z_1), (x_2, y_2, z_2) とするとき，ベクトル $\begin{pmatrix} x_2 - x_1 \\ y_2 - y_1 \\ z_2 - z_1 \end{pmatrix}$ を2点 P_1, P_2 の定める**幾何ベクトル**（成分ベクトル）といい，$\overrightarrow{P_1P_2}$ と表す．

さて，点 P_3, P_4 についても考え，$\boldsymbol{u}_j = \begin{pmatrix} x_j \\ y_j \\ z_j \end{pmatrix}$ $(j = 1, 2, 3, 4)$ とおくとき，$\overrightarrow{P_1P_2} = \boldsymbol{u}_2 - \boldsymbol{u}_1$ となる．

2点 P_3, P_4 の定める幾何ベクトル $\overrightarrow{P_3P_4}$ を考えると，次のことが成り立つ．

$$\overrightarrow{P_1P_2} = \overrightarrow{P_3P_4} \iff \boldsymbol{u}_2 - \boldsymbol{u}_1 = \boldsymbol{u}_4 - \boldsymbol{u}_3 \tag{2.5}$$

式(2.5) が成り立つとき，P_1, P_2, P_3, P_4 は平行四辺形の4頂点になっている（ただし，$P_1 = P_2, P_3 = P_4$ の場合も含めている．この場合はつぶれた平行四辺形と考える）．

有向線分と位置ベクトル

2点 P_1, P_2 を対 (P_1, P_2) としてまとめて考え，これを P_1, P_2 の定める**有向線分** (directed line segment) という．ここで P_1 を始点，P_2 を終点という．

有向線分 (P_1, P_2) と (P_3, P_4) とが等しいということは2点がそれぞれ等しいこととする．すなわち

$$(\mathrm{P}_1, \mathrm{P}_2) = (\mathrm{P}_3, \mathrm{P}_4) \Longleftrightarrow \mathrm{P}_1 = \mathrm{P}_3,\ \mathrm{P}_2 = \mathrm{P}_4$$
$$\Longleftrightarrow \boldsymbol{u}_1 = \boldsymbol{u}_3,\ \boldsymbol{u}_2 = \boldsymbol{u}_4.$$

高校数学では，始点を原点にとったとき $\overrightarrow{\mathrm{OP}}$ を位置ベクトル (position vector) という．この場合は始点を決めているので，有向線分 OP を考えていることになる．しかし，ベクトル $\overrightarrow{\mathrm{OP}}$ として計算もする．

位置ベクトルは有向線分の性質とベクトルの性質を併せ持つ．このため位置ベクトルは理解困難であるが，慣れると便利なものである．物理に出てくる力のベクトルは始点が決まっているので有向線分と理解すべきだが，物理では束縛ベクトルという．それに対して，平行移動してもよいベクトルを自由ベクトルといっている．これは数学的な意味でのベクトルである．

余弦定理によるコーシー・シュワルツの不等式の証明

平面上の2点 $\mathrm{A}(a_1, a_2, a_3)$, $\mathrm{B}(b_1, b_2, b_3)$ と原点 O が三角形 OAB を作るとき余弦定理を使うと

$$\mathrm{OA}^2 + \mathrm{OB}^2 - \mathrm{AB}^2 = 2\mathrm{OA} \cdot \mathrm{OB} \cos\theta. \tag{2.6}$$

ここで，θ は OA と OB の作る角（通例，$0 \leqq \theta \leqq \pi$ とする）．

$\boldsymbol{a} = \overrightarrow{\mathrm{OA}}, \boldsymbol{b} = \overrightarrow{\mathrm{OB}}$ とおき余弦定理をベクトルで書き直すと

$$\overrightarrow{\mathrm{OA}}^2 + \overrightarrow{\mathrm{OB}}^2 - \overrightarrow{\mathrm{AB}}^2 = 2|\overrightarrow{\mathrm{OA}}| \cdot |\overrightarrow{\mathrm{OB}}| \cos\theta. \tag{2.7}$$

$\boldsymbol{b} - \boldsymbol{a} = \overrightarrow{\mathrm{AB}}$ になるので式 (2.7) の左辺は

$$\boldsymbol{a}^2 + \boldsymbol{b}^2 - (\boldsymbol{b} - \boldsymbol{a})^2 = 2\boldsymbol{a} \cdot \boldsymbol{b},$$

式 (2.7) の右辺は

$$2|\boldsymbol{a}| \cdot |\boldsymbol{b}| \cos\theta.$$

これより

$$\boldsymbol{a} \cdot \boldsymbol{b} = |\boldsymbol{a}| \cdot |\boldsymbol{b}| \cos\theta.$$

したがって，$\boldsymbol{a} \neq \boldsymbol{0}$, $\boldsymbol{b} \neq \boldsymbol{0}$ のとき以下を得る．

$$\cos\theta = \frac{\boldsymbol{a} \cdot \boldsymbol{b}}{|\boldsymbol{a}| \cdot |\boldsymbol{b}|} \tag{2.8}$$

$|\cos\theta| \leqq 1$ なので，これより

$$|\boldsymbol{a} \cdot \boldsymbol{b}| \leqq |\boldsymbol{a}| \cdot |\boldsymbol{b}|$$

を得る．これは，コーシー・シュワルツの不等式である．

コーシー・シュワルツの不等式の本質は余弦定理にあるといってよい．

$$|\boldsymbol{a}| \cdot |\boldsymbol{b}| \cos\theta = \boldsymbol{a} \cdot \boldsymbol{b}$$

において $\theta = \dfrac{\pi}{2}$ なら $\boldsymbol{a} \cdot \boldsymbol{b} = 0$ が成り立つので，このとき，ベクトル $\boldsymbol{a}$ と $\boldsymbol{b}$ とは直交する，という．

$\boldsymbol{b} = \boldsymbol{0}$ でも $\boldsymbol{a} \cdot \boldsymbol{b} = 0$ を満たすので，$\boldsymbol{a}$ とベクトル $\boldsymbol{0}$ とは直交すると考える．

2.4 微分可能なベクトル値関数

関数 $f_1(x)$, $f_2(x)$, $f_3(x)$ を成分とするベクトルを $\boldsymbol{f}(x)$，あるいは簡単に $\boldsymbol{f}$ と書く．これをベクトル値関数 (vector-valued functions)

という．ベクトル値関数は各 x に対してベクトルが決まるのでベクトル場 (vector field) ともいう．微分可能なベクトル値関数 $\boldsymbol{f}$ の各成分を微分してできたベクトル値関数を $\boldsymbol{f}'$ または $\dfrac{d\boldsymbol{f}}{dx}$ と書く．すなわち

$$\boldsymbol{f}' = \frac{d\boldsymbol{f}}{dx} = \begin{pmatrix} f_1'(x) \\ f_2'(x) \\ f_3'(x) \end{pmatrix}$$

となる．

微分可能な関数 $g_1(x)$, $g_2(x)$, $g_3(x)$ を成分とするベクトルを $\boldsymbol{g}$ とおくとき内積 $\boldsymbol{f} \cdot \boldsymbol{g} = f_1(x)g_1(x) + f_2(x)g_2(x) + f_3(x)g_3(x)$ は微分可能な関数である．

問題 2.7

微分可能なベクトル値関数 $\boldsymbol{f}, \boldsymbol{g}$ に対し次の公式を示せ．

$$(\boldsymbol{f} \cdot \boldsymbol{g})' = \boldsymbol{f}' \cdot \boldsymbol{g} + \boldsymbol{f} \cdot \boldsymbol{g}'.$$

2 階微分可能な場合には次の公式が成り立つことを示せ．

$$(\boldsymbol{f} \cdot \boldsymbol{g})'' = \boldsymbol{f}'' \cdot \boldsymbol{g} + 2\boldsymbol{f}' \cdot \boldsymbol{g}' + \boldsymbol{f} \cdot \boldsymbol{g}''.$$

問題 2.8

微分可能なベクトル値関数 $\boldsymbol{u}$ について，$|\boldsymbol{u}| = 1$ なら $\boldsymbol{u}$ と $\boldsymbol{u}'$ は直交することを示せ．

第3章

ベクトル積

ベクトル積（外積ともいう）の定義はすこし難しい．２つのベクトルに対してあるベクトルを対応させるのがベクトル積なのであるが，これを積とよぶのはベクトル積と加法に関して分配法則が成り立つからである．内積，ベクトル積の他に行列としての積やスカラー倍があり，これら４種の積をうまく使いこなすことが大切である．

3.1 内積についての連立方程式

2つの1次独立なベクトル $\boldsymbol{a} = \begin{pmatrix} a_1 \\ a_2 \\ a_3 \end{pmatrix}$, $\boldsymbol{b} = \begin{pmatrix} b_1 \\ b_2 \\ b_3 \end{pmatrix}$ に対して，次の性質をもつベクトル $\boldsymbol{x} = \begin{pmatrix} x_1 \\ x_2 \\ x_3 \end{pmatrix}$ を探そう．

$$\boldsymbol{a} \cdot \boldsymbol{x} = 0, \quad \boldsymbol{b} \cdot \boldsymbol{x} = 0. \tag{3.1}$$

これは，内積を用いた連立方程式である．実際に成分で表示すると連立方程式

- $a_1x_1 + a_2x_2 + a_3x_3 = 0$,
- $b_1x_1 + b_2x_2 + b_3x_3 = 0$

ができる．これを書き直すと

- $a_1x_1 + a_2x_2 = -a_3x_3$,
- $b_1x_1 + b_2x_2 = -b_3x_3$

になるので，x_1, x_2 についての連立方程式と見て，2元の場合のクラメルの公式を適用する．

$\delta = \begin{vmatrix} a_1 & a_2 \\ b_1 & b_2 \end{vmatrix}$ とおき，$\delta \neq 0$ を仮定すると，

$$\delta x_1 = -\begin{vmatrix} a_3x_3 & a_2 \\ b_3x_3 & b_2 \end{vmatrix} = -x_3\begin{vmatrix} a_3 & a_2 \\ b_3 & b_2 \end{vmatrix} = x_3\begin{vmatrix} a_2 & a_3 \\ b_2 & b_3 \end{vmatrix}.$$

同様にして

$$\delta x_2 = x_3\begin{vmatrix} a_3 & a_1 \\ b_3 & b_1 \end{vmatrix}.$$

3.2　ベクトル積の定義

記号を整理するために，左頁にある2次行列式を転置し，次の記号を用いる．

$$p_1 = \begin{vmatrix} a_2 & b_2 \\ a_3 & b_3 \end{vmatrix}, \quad p_2 = \begin{vmatrix} a_3 & b_3 \\ a_1 & b_1 \end{vmatrix}, \quad p_3 = \begin{vmatrix} a_1 & b_1 \\ a_2 & b_2 \end{vmatrix}. \tag{3.2}$$

すると，

$$\delta = p_3, \quad \delta x_1 = p_3 x_1 = p_1 x_3, \quad \delta x_2 = p_3 x_2 = p_2 x_3.$$

これを書き直して

$$\frac{x_1}{p_1} = \frac{x_2}{p_2} = \frac{x_3}{p_3}$$

を得る．そこで，式 (3.2) で定義された p_1, p_2, p_3 を成分とするベクトルを $\boldsymbol{a} \times \boldsymbol{b}$ と書き，$\boldsymbol{a}$ と $\boldsymbol{b}$ の**ベクトル積** (vector product) という．あるいは，**外積** (outer product) ともいう．場合によっては**クロス積** (cross product) という．しかし，ベクトルの外積には全く別の概念があり第7章で扱う．

例題 3.1

$\boldsymbol{e}_1 = \begin{pmatrix} 1 \\ 0 \\ 0 \end{pmatrix}$, $\boldsymbol{e}_2 = \begin{pmatrix} 0 \\ 1 \\ 0 \end{pmatrix}$, $\boldsymbol{e}_3 = \begin{pmatrix} 0 \\ 0 \\ 1 \end{pmatrix}$ を基本ベクトルという．

これらについて，$\boldsymbol{a}$ とのベクトル積を求めると次のようになる．

$$\boldsymbol{a} \times \boldsymbol{e}_1 = \begin{pmatrix} 0 \\ a_3 \\ -a_2 \end{pmatrix}, \quad \boldsymbol{a} \times \boldsymbol{e}_2 = \begin{pmatrix} -a_3 \\ 0 \\ a_1 \end{pmatrix}$$

$\boldsymbol{a} \times \boldsymbol{e}_3$, $\boldsymbol{e}_1 \times \boldsymbol{e}_2$ の計算をしてみよう．

簡単なベクトル積の性質

命題 3.2

ベクトル $\boldsymbol{a}, \boldsymbol{b}, \boldsymbol{c}$ と数 k に関して，次のベクトル積の性質が成り立つ．

$$\boldsymbol{a} \times \boldsymbol{a} = \boldsymbol{0} \qquad \text{（べき零法則）}$$
$$\boldsymbol{a} \times \boldsymbol{b} = -\boldsymbol{b} \times \boldsymbol{a} \qquad \text{（反交換法則）}$$
$$k\boldsymbol{a} \times \boldsymbol{b} = \boldsymbol{a} \times k\boldsymbol{b} = k(\boldsymbol{a} \times \boldsymbol{b}) \qquad \text{（結合法則）}$$
$$(\boldsymbol{a} + \boldsymbol{b}) \times \boldsymbol{c} = \boldsymbol{a} \times \boldsymbol{c} + \boldsymbol{b} \times \boldsymbol{c} \qquad \text{（分配法則）}$$
$$\boldsymbol{a} \times (\boldsymbol{b} + \boldsymbol{c}) = \boldsymbol{a} \times \boldsymbol{b} + \boldsymbol{a} \times \boldsymbol{c} \qquad \text{（分配法則）}$$

これらの性質，とくに分配法則が成り立つので，$\boldsymbol{a} \times \boldsymbol{b}$ を $\boldsymbol{a}$ と $\boldsymbol{b}$ とのベクトル積とよぶのである．

問題 3.3

微分可能なベクトル値関数 $\boldsymbol{f}, \boldsymbol{g}$ に対し次の公式を示せ．

$$(\boldsymbol{f} \times \boldsymbol{g})' = \boldsymbol{f}' \times \boldsymbol{g} + \boldsymbol{f} \times \boldsymbol{g}'.$$

2 階微分可能なベクトル値関数 $\boldsymbol{f}$ に対し次の式を示せ．

$$(\boldsymbol{f} \times \boldsymbol{f}')' = \boldsymbol{f} \times \boldsymbol{f}''.$$

1 次独立性の判定

命題 3.4

3 次元ベクトル $\boldsymbol{a}$ と $\boldsymbol{b}$ について $\boldsymbol{a} \times \boldsymbol{b} \neq 0$ になる必要十分条件は $\boldsymbol{a}$ と $\boldsymbol{b}$ とが 1 次独立なことである.

この対偶命題は次の通りである.

命題 3.5

$\boldsymbol{a} \times \boldsymbol{b} = \boldsymbol{0}$ になる必要十分条件は $\boldsymbol{a}$ と $\boldsymbol{b}$ とが 1 次従属なことである. とくに $\boldsymbol{b} \neq \boldsymbol{0}$ なら $\boldsymbol{a} = k\boldsymbol{b}$ となる定数 k がある.

[証明] $\boldsymbol{a}\times\boldsymbol{b} = \boldsymbol{0}$ と仮定する. $p_1 = \begin{vmatrix} a_2 & b_2 \\ a_3 & b_3 \end{vmatrix} = 0$ なので $a_2b_3 = b_2a_3$. これより $\dfrac{a_2}{b_2} = \dfrac{a_3}{b_3}$. 同様にして $p_2 = 0$ から $\dfrac{a_3}{b_3} = \dfrac{a_1}{b_1}$. したがって

$$\frac{a_2}{b_2} = \frac{a_3}{b_3} = \frac{a_1}{b_1}.$$

この式の値を k とおけば, $a_1 = kb_1$, $a_2 = kb_2$, $a_3 = kb_3$ となる. よって $\boldsymbol{a} = k\boldsymbol{b}$ となり, $\boldsymbol{a}$ と $\boldsymbol{b}$ とが 1 次従属になる.

逆に $\boldsymbol{a}$ と $\boldsymbol{b}$ とが 1 次従属で $\boldsymbol{b} \neq \boldsymbol{0}$ なら, $\boldsymbol{a} = k\boldsymbol{b}$ と書け, ベクトル積の定義によって $\boldsymbol{a} \times \boldsymbol{b} = \boldsymbol{0}$ となる.

命題 3.6

1 次独立な 2 つのベクトル $\boldsymbol{a}$ と $\boldsymbol{b}$ について内積の連立方程式

$$\boldsymbol{a}\cdot\boldsymbol{x} = 0,\quad \boldsymbol{b}\cdot\boldsymbol{x} = 0 \tag{3.3}$$

を満たす解 $\boldsymbol{x}$ は数 k により $\boldsymbol{x} = k\boldsymbol{a} \times \boldsymbol{b}$ と書ける.

この結果を内積連立方程式の解はベクトル積，と覚えておこう．

3.3　行列式の基本性質

ベクトル $\boldsymbol{a}, \boldsymbol{b}, \boldsymbol{c}$ についてその行列式 $\begin{vmatrix}\boldsymbol{a} & \boldsymbol{b} & \boldsymbol{c}\end{vmatrix}$ の基本性質をまとめておこう．

- 各ベクトルについての線形性

第１列ベクトルについての線形性は次の通り．

$$\begin{vmatrix}k_1\boldsymbol{a}_1 + k_2\boldsymbol{a}_2 & \boldsymbol{b} & \boldsymbol{c}\end{vmatrix} = k_1\begin{vmatrix}\boldsymbol{a}_1 & \boldsymbol{b} & \boldsymbol{c}\end{vmatrix} + k_2\begin{vmatrix}\boldsymbol{a}_2 & \boldsymbol{b} & \boldsymbol{c}\end{vmatrix}.$$

- ２つのベクトルについての交代性

列ベクトルを入れ替えると行列式の符号が交代する（−1 倍される）性質を交代性という．

たとえば，第 1，第 2 列ベクトルを入れ替えてから，さらに第 2，第 3 列ベクトルを入れ替えると

$$\begin{aligned}\begin{vmatrix}\boldsymbol{a} & \boldsymbol{b} & \boldsymbol{c}\end{vmatrix} &= -\begin{vmatrix}\boldsymbol{b} & \boldsymbol{a} & \boldsymbol{c}\end{vmatrix}\\ &= \begin{vmatrix}\boldsymbol{b} & \boldsymbol{c} & \boldsymbol{a}\end{vmatrix}.\end{aligned}$$

カンニングの原理

- ２つの列ベクトル（行ベクトル）が同じベクトルなら行列式の値は 0.

たとえば，

$$\left|\boldsymbol{a} \quad \boldsymbol{a} \quad \boldsymbol{c}\right| = \left|\boldsymbol{a} \quad \boldsymbol{b} \quad \boldsymbol{a}\right| = \left|\boldsymbol{b} \quad \boldsymbol{a} \quad \boldsymbol{a}\right| = 0.$$

この性質は交代性からすぐに証明される．

同じベクトルがあれば，その行列式の値は0であるという性質をカンニングの原理[1)]という．

- あるベクトルを k 倍して別の行に加えても行列式の値は変わらない（この操作を基本変形という）．

第1列に k 倍して第2列に加えた場合の証明は次の通り．

$$\left|\boldsymbol{a} \quad k\boldsymbol{a}+\boldsymbol{b} \quad \boldsymbol{c}\right| = k\left|\boldsymbol{a} \quad \boldsymbol{a} \quad \boldsymbol{c}\right| + \left|\boldsymbol{a} \quad \boldsymbol{b} \quad \boldsymbol{c}\right| = \left|\boldsymbol{a} \quad \boldsymbol{b} \quad \boldsymbol{c}\right|.$$

ここでも，カンニングの原理が有効に使われている．

クラメルの公式の証明

第1章の最後で扱った3元の場合のクラメルの公式をここで証明しよう．線形性とカンニングの原理が活躍する有様に注目するといい．

$$x\boldsymbol{a} + y\boldsymbol{b} + z\boldsymbol{c} = \boldsymbol{p}$$

に注意して $\left|\boldsymbol{p} \quad \boldsymbol{b} \quad \boldsymbol{c}\right|$ を変形すると

$$\begin{aligned}\left|\boldsymbol{p} \quad \boldsymbol{b} \quad \boldsymbol{c}\right| &= \left|x\boldsymbol{a}+y\boldsymbol{b}+z\boldsymbol{c} \quad \boldsymbol{b} \quad \boldsymbol{c}\right| \\ &= x\left|\boldsymbol{a} \quad \boldsymbol{b} \quad \boldsymbol{c}\right| + y\left|\boldsymbol{b} \quad \boldsymbol{b} \quad \boldsymbol{c}\right| + z\left|\boldsymbol{c} \quad \boldsymbol{b} \quad \boldsymbol{c}\right| \\ &= x\left|\boldsymbol{a} \quad \boldsymbol{b} \quad \boldsymbol{c}\right|.\end{aligned}$$

1) 人の答案を写したら，カンニングなのだから0点になる．そこで，カンニングの原理という．

よって，

$$x = \frac{|\boldsymbol{p} \quad \boldsymbol{b} \quad \boldsymbol{c}|}{|\boldsymbol{a} \quad \boldsymbol{b} \quad \boldsymbol{c}|}.$$

y, z も同様に示される．

単独の内積方程式

命題 3.7

$\mathbf{0}$ でない $\boldsymbol{a}$ について内積の方程式

$$\boldsymbol{a} \cdot \boldsymbol{u} = 0 \tag{3.4}$$

を満たす解 $\boldsymbol{u}$ はあるベクトル $\boldsymbol{p}$ により $\boldsymbol{u} = \boldsymbol{a} \times \boldsymbol{p}$ と書ける．

［証明］ $\boldsymbol{a} = \begin{pmatrix} a_1 \\ a_2 \\ a_3 \end{pmatrix}, \boldsymbol{u} = \begin{pmatrix} x \\ y \\ z \end{pmatrix}$ とするとき，$a_1 \neq 0$ とすると

$$\boldsymbol{a} \cdot \boldsymbol{u} = a_1 x + a_2 y + a_3 z = 0$$

なので，

$$x = -\frac{a_2}{a_1}y - \frac{a_3}{a_1}z.$$

$$\begin{aligned}
\boldsymbol{u} &= \begin{pmatrix} -\dfrac{a_2}{a_1}y - \dfrac{a_3}{a_1}z \\ y \\ z \end{pmatrix} = \begin{pmatrix} -\dfrac{a_2}{a_1}y \\ y \\ 0 \end{pmatrix} + \begin{pmatrix} -\dfrac{a_3}{a_1}z \\ 0 \\ z \end{pmatrix} \\
&= \begin{pmatrix} -a_2 \\ a_1 \\ 0 \end{pmatrix} \frac{y}{a_1} + \begin{pmatrix} -a_3 \\ 0 \\ a_1 \end{pmatrix} \frac{z}{a_1}.
\end{aligned}$$

そこで，$s=\dfrac{z}{a_1}, r=\dfrac{y}{a_1}$ とおき $\boldsymbol{p}=\begin{pmatrix} 0 \\ s \\ -r \end{pmatrix}$ とすると

$$\boldsymbol{u}=\boldsymbol{a}\times\boldsymbol{p} \tag{3.5}$$

と表される．

ここでは $a_1 \neq 0$ と仮定したが，$a_2 \neq 0$ または $a_3 \neq 0$ の場合も上の形でよいことが証明できる．また，

$$\boldsymbol{a}\cdot(\boldsymbol{a}\times\boldsymbol{p})=0$$

は容易に確かめられる．

この結果は，単独内積方程式の解は別ベクトルとの外（ベクトル）積，として覚えておくとよい．

ベクトルと１次方程式

通常の１次式 $ax=b$ では $a\neq 0$ なら解 $x=\dfrac{b}{a}$ が唯１つある．$a=0, b\neq 0$ なら解はない．しかし $a=0, b=0$ なら解は無数にある．

同じことをベクトルについて考えよう．ベクトルの積には，内積とベクトル積，行列との積がある．スカラー倍も積の一種である．

• $\boldsymbol{0}$ でないベクトル $\boldsymbol{a}$ と数 b について内積に関しての１次方程式

$$\boldsymbol{a}\cdot\boldsymbol{x}=b$$

を考える．

$\boldsymbol{a}\neq\boldsymbol{0}, b\neq 0$ なら解を１つ見つけることは簡単である．$\boldsymbol{a}$ の第１成分 a_1 が0でないなら，$a_1x_1=b$ を解き，第２成分，第３成分を0に選んで $\boldsymbol{x}_0$ とおく．すると $\boldsymbol{a}\cdot\boldsymbol{x}_0=b$.

$\boldsymbol{u}=\boldsymbol{x}-\boldsymbol{x}_0$ は $\boldsymbol{a}\cdot\boldsymbol{u}=0$ を満たすので，あるベクトル $\boldsymbol{p}$ により

$\boldsymbol{u} = \boldsymbol{a} \times \boldsymbol{p}$ と表せる．したがって $\boldsymbol{x} = \boldsymbol{x}_0 + \boldsymbol{a} \times \boldsymbol{p}$ と表せることがわかった．

• $\boldsymbol{0}$ でないベクトル $\boldsymbol{a}, \boldsymbol{b}$ についてベクトル積に関しての１次方程式

$$\boldsymbol{a} \times \boldsymbol{x} = \boldsymbol{b} \tag{3.6}$$

を考える．これに解 $\boldsymbol{x}$ があれば $\boldsymbol{a} \cdot (\boldsymbol{a} \times \boldsymbol{x}) = \boldsymbol{a} \cdot \boldsymbol{b}$ となる．一方，$\boldsymbol{a} \cdot (\boldsymbol{a} \times \boldsymbol{x}) = 0$ になるので $\boldsymbol{a} \cdot \boldsymbol{b} = 0$ を満たす．これが解のあるための必要条件だが，十分条件でもあることを以下に示そう．

1) $\boldsymbol{b} \neq \boldsymbol{0}$.

$\boldsymbol{a} \cdot \boldsymbol{b} = 0$ が満たされたなら，命題 3.7 により $\boldsymbol{b} = \boldsymbol{a} \times \boldsymbol{p}$ と書ける $\boldsymbol{p}$ があり，式（3.6）より

$$\boldsymbol{a} \times \boldsymbol{x} = \boldsymbol{b} = \boldsymbol{a} \times \boldsymbol{p}.$$

これより

$$\boldsymbol{a} \times (\boldsymbol{x} - \boldsymbol{p}) = \boldsymbol{0}.$$

命題 3.5 によると，数 t によって

$$\boldsymbol{x} - \boldsymbol{p} = t\boldsymbol{a}.$$

したがって

$$\boldsymbol{x} = t\boldsymbol{a} + \boldsymbol{p}.$$

2) $\boldsymbol{b} = \boldsymbol{0}$.

このときは簡単で $\boldsymbol{a} \times \boldsymbol{x} = \boldsymbol{b} = \boldsymbol{0}$ より命題 3.5 から

$$\boldsymbol{x} = t\boldsymbol{a}.$$

このようにしてベクトル積（外積）方程式 (3.6) の解が，スカラー倍で得られたのである．

問題 3.8

3 次元ベクトル $\boldsymbol{a}, \boldsymbol{b}$ が 1 次独立のとき，$(\boldsymbol{a} \times \boldsymbol{b}) \cdot \boldsymbol{x} = 0$ の解は $k\boldsymbol{a} + m\boldsymbol{b}$ と書けることを示せ．

3.4　3 次行列式との関係

3 次元ベクトル $\boldsymbol{a}, \boldsymbol{b}, \boldsymbol{u}$ の行列式 $\begin{vmatrix} \boldsymbol{a} & \boldsymbol{b} & \boldsymbol{u} \end{vmatrix}$ を第 3 列について展開すると

$$u_1 \begin{vmatrix} a_2 & b_2 \\ a_3 & b_3 \end{vmatrix} - u_2 \begin{vmatrix} a_1 & b_1 \\ a_3 & b_3 \end{vmatrix} + u_3 \begin{vmatrix} a_1 & b_1 \\ a_2 & b_2 \end{vmatrix}.$$

ここで，2 番目の行列式の行を入れ替えると符号が変わるので

$$u_1 \begin{vmatrix} a_2 & b_2 \\ a_3 & b_3 \end{vmatrix} + u_2 \begin{vmatrix} a_3 & b_3 \\ a_1 & b_1 \end{vmatrix} + u_3 \begin{vmatrix} a_1 & b_1 \\ a_2 & b_2 \end{vmatrix}.$$

これは，ベクトル積と内積を使って $\boldsymbol{u} \cdot (\boldsymbol{a} \times \boldsymbol{b})$ と表すことができる．これをベクトルの**スカラー 3 重積**という．

命題 3.9

3 次元ベクトル $\boldsymbol{a}, \boldsymbol{b}, \boldsymbol{u}$ についての行列式は次のように，ベクトル積と内積で表される．

$$\begin{vmatrix} \boldsymbol{a} & \boldsymbol{b} & \boldsymbol{u} \end{vmatrix} = \boldsymbol{u} \cdot (\boldsymbol{a} \times \boldsymbol{b}) = (\boldsymbol{a} \times \boldsymbol{b}) \cdot \boldsymbol{u}. \tag{3.7}$$

行列式の交代性から

$$\begin{vmatrix}\boldsymbol{a} & \boldsymbol{b} & \boldsymbol{u}\end{vmatrix} = -\begin{vmatrix}\boldsymbol{a} & \boldsymbol{u} & \boldsymbol{b}\end{vmatrix} = \begin{vmatrix}\boldsymbol{u} & \boldsymbol{a} & \boldsymbol{b}\end{vmatrix}.$$

これより，

$$\boldsymbol{u}\cdot(\boldsymbol{a}\times\boldsymbol{b}) = \begin{vmatrix}\boldsymbol{u} & \boldsymbol{a} & \boldsymbol{b}\end{vmatrix}.$$

したがって，対称性を考慮して記号を替えると次の公式を得る．

公式 3.10

3次元ベクトル $\boldsymbol{a}, \boldsymbol{b}, \boldsymbol{c}$ について次の公式が成り立つ．

$$\boldsymbol{a}\cdot(\boldsymbol{b}\times\boldsymbol{c}) = \begin{vmatrix}\boldsymbol{a} & \boldsymbol{b} & \boldsymbol{c}\end{vmatrix}$$

式 (3.7) から

$$(\boldsymbol{a}\times\boldsymbol{b})\cdot\boldsymbol{c} = \begin{vmatrix}\boldsymbol{a} & \boldsymbol{b} & \boldsymbol{c}\end{vmatrix}$$

なので次の式が成り立つ．

命題 3.11

3次元ベクトル $\boldsymbol{a}, \boldsymbol{b}, \boldsymbol{c}$ について

$$\boldsymbol{a}\cdot(\boldsymbol{b}\times\boldsymbol{c}) = (\boldsymbol{a}\times\boldsymbol{b})\cdot\boldsymbol{c}$$

この結果は，内積とベクトル積を同じ積とみると，結合法則が成立することを意味する．

問題 3.12

3次元ベクトル $\boldsymbol{a}, \boldsymbol{b}, \boldsymbol{c}$ について次を示せ．

$$\boldsymbol{a}\cdot(\boldsymbol{b}\times\boldsymbol{c}) = \boldsymbol{b}\cdot(\boldsymbol{c}\times\boldsymbol{a}) = \boldsymbol{c}\cdot(\boldsymbol{a}\times\boldsymbol{b})$$

3.5　ベクトル積と直交性

カンニングの原理により $\boldsymbol{a}\cdot(\boldsymbol{a}\times\boldsymbol{b}) = \begin{vmatrix}\boldsymbol{a} & \boldsymbol{a} & \boldsymbol{b}\end{vmatrix} = 0$ が成り立つ．これより次の重要な結果が導かれる．

命題 3.13

3 次元ベクトル $\boldsymbol{a},\boldsymbol{b}$ に対して

$$\boldsymbol{a}\cdot(\boldsymbol{a}\times\boldsymbol{b}) = \boldsymbol{b}\cdot(\boldsymbol{a}\times\boldsymbol{b}) = 0.$$

すなわち，ベクトル積 $\boldsymbol{a}\times\boldsymbol{b}$ は $\boldsymbol{a}$ および $\boldsymbol{b}$ と直交する．

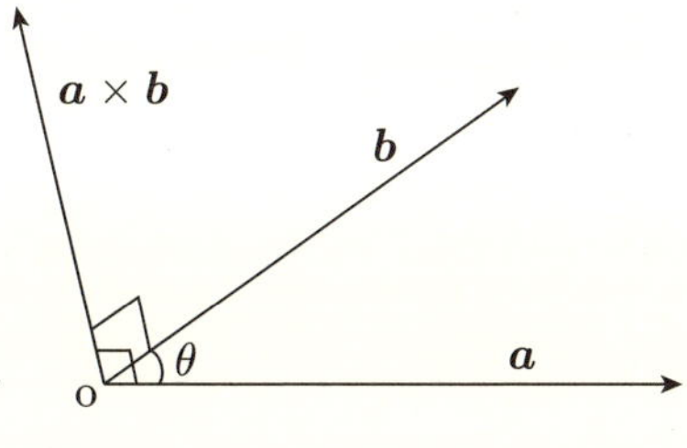

命題 3.14

1 次独立な 3 次元ベクトル $\boldsymbol{a},\boldsymbol{b}$ について $\boldsymbol{a}$, $\boldsymbol{b}$, $\boldsymbol{a}\times\boldsymbol{b}$ は 1 次独立であり，行列式 $\begin{vmatrix}\boldsymbol{a} & \boldsymbol{b} & \boldsymbol{a}\times\boldsymbol{b}\end{vmatrix}$ は正である．

［証明］ $\boldsymbol{a}$, $\boldsymbol{b}$, $\boldsymbol{a}\times\boldsymbol{b}$ が1次従属なら，これらの作る行列式 $\left|\boldsymbol{a}\quad\boldsymbol{b}\quad\boldsymbol{a}\times\boldsymbol{b}\right|$ は0である．式（3.7）より

$$\left|\boldsymbol{a}\quad\boldsymbol{b}\quad\boldsymbol{a}\times\boldsymbol{b}\right| = |\boldsymbol{a}\times\boldsymbol{b}|^2.$$

$|\boldsymbol{a}\times\boldsymbol{b}|^2 = 0$ になり，$\boldsymbol{a}\times\boldsymbol{b} = \boldsymbol{0}$. したがって $\boldsymbol{a},\boldsymbol{b}$ は1次従属になり，仮定に反する．

3.6 平行四辺形の面積

2つの1次独立なベクトル $\boldsymbol{a},\boldsymbol{b}$ があるとき，2点 $\mathrm{P}_1,\mathrm{P}_2$ を選んで $\overrightarrow{\mathrm{OP}_1} = \boldsymbol{a}$, $\overrightarrow{\mathrm{OP}_2} = \boldsymbol{b}$ とする．すると $\mathrm{OP}_1,\mathrm{OP}_2$ を2辺とする平行四辺形ができる．その面積 S は $\overrightarrow{\mathrm{OP}_1}$ と $\overrightarrow{\mathrm{OP}_2}$ の作る角を θ とすると $\sin\theta|\boldsymbol{a}||\boldsymbol{b}|$ となる．

一方，余弦定理から $\cos\theta = \dfrac{\boldsymbol{a}\cdot\boldsymbol{b}}{|\boldsymbol{a}||\boldsymbol{b}|}$ が成り立つ．これから

$$S^2 = \sin^2\theta\,\boldsymbol{a}^2\boldsymbol{b}^2 = \boldsymbol{a}^2\boldsymbol{b}^2 - \cos^2\theta\,\boldsymbol{a}^2\boldsymbol{b}^2 = \boldsymbol{a}^2\boldsymbol{b}^2 - (\boldsymbol{a}\cdot\boldsymbol{b})^2$$

となる．そこで $\boldsymbol{a}^2\boldsymbol{b}^2 - (\boldsymbol{a}\cdot\boldsymbol{b})^2$ を計算すると

$$(a_1^2 + a_2^2 + a_3^2)(b_1^2 + b_2^2 + b_3^2) - (a_1b_1 + a_2b_2 + a_3b_3)^2$$

となり，これは $(\boldsymbol{a}\times\boldsymbol{b})^2$ に等しい．

ベクトル積 $\boldsymbol{a}\times\boldsymbol{b}$ は2つのベクトル $\boldsymbol{a},\boldsymbol{b}$ と直交し，その大きさはベクトル $\boldsymbol{a},\boldsymbol{b}$ の作る平行四辺形の面積であり，かつ $\boldsymbol{a}$, $\boldsymbol{b}$, $\boldsymbol{a}\times\boldsymbol{b}$ は1次独立なベクトルであり，この順でこれらの作る行列式は正である．

平行 6 面体の体積

1 次独立なベクトル $\boldsymbol{a}, \boldsymbol{b}, \boldsymbol{c}$ があるとき 3 点 $\mathrm{P_1, P_2, P_3}$ を選んで $\overrightarrow{\mathrm{OP_1}} = \boldsymbol{a}$, $\overrightarrow{\mathrm{OP_2}} = \boldsymbol{b}$, $\overrightarrow{\mathrm{OP_3}} = \boldsymbol{c}$ とする．

$\overrightarrow{\mathrm{OP_1}}$ と $\overrightarrow{\mathrm{OP_2}}$ を 2 辺とする平行四辺形の面積を S とおくとき，平面 $\mathrm{OP_1P_2}$ とベクトル $\boldsymbol{a} \times \boldsymbol{b}$ は直交する．

$\mathrm{OP_1}$, $\mathrm{OP_2}, \mathrm{OP_3}$ を 3 辺とする平行 6 面体の体積 V は $\boldsymbol{c} = \overrightarrow{\mathrm{OP_3}}$ を $\boldsymbol{a} \times \boldsymbol{b}$ に正射影したベクトルの大きさ $h = \cos\theta|\boldsymbol{c}|$（$\theta$ は $\boldsymbol{c}$ と $\boldsymbol{a} \times \boldsymbol{b}$ の作る角）をかければ得られる．よって

$$V = Sh = S \cdot \cos\theta|\boldsymbol{c}|. \tag{3.8}$$

$S = |\boldsymbol{a} \times \boldsymbol{b}|$ により，

$$V = |\boldsymbol{a} \times \boldsymbol{b}| \cdot \cos\theta|\boldsymbol{c}| = |\boldsymbol{c} \cdot \boldsymbol{a} \times \boldsymbol{b}| = \left||\boldsymbol{a} \quad \boldsymbol{b} \quad \boldsymbol{c}|\right|.$$

したがって，体積は 行列式 $\left|\boldsymbol{a} \quad \boldsymbol{b} \quad \boldsymbol{c}\right|$ の絶対値に等しい．

1 次独立な 3 次元ベクトル $\boldsymbol{a}, \boldsymbol{b}, \boldsymbol{c}$ が作る平行 6 面体の体積は行列式 $\left|\boldsymbol{a} \quad \boldsymbol{b} \quad \boldsymbol{c}\right|$ の絶対値である．これが 3 次行列式の幾何学的意味である．

コラム ベクトルの 3 要素

今となっては昔のことだが，高校時代に「ベクトルには**大きさ**，**方向**，**向き**がある．これをベクトルの 3 要素という．」と習ったように思う．しかし方向と向きの区別がわからなくて困った．後になって，東西の方向というから方向だけでは東向きか西向きかがわからない，したがって，向きも必要な要素と納得し理解した．

現代の高校数学では，方向と向きを併せて単に**向き**という．だから，「ベクトルには大きさと向きがある」は正しい．ここに，数学教育上の一進歩があると思う．中国語ではベクトルを**向量**という．向きのある量を鮮やかに表現していて，日本でも使いたいほどの名訳である．

第 4 章

ベクトル積続論

ベクトル積の起源はハミルトンの考えた4元数にある．4元数の計算を通して空間図形の研究ができるようになった．後にギブスやヘビサイドが3次元ベクトルのベクトル積を導入し，4元数なしでも空間ベクトルの計算をある程度できるようにした．最近では，4元数がコンピュータグラフィックスや生物情報学などでも積極的に利用されるようになり，4元数は華麗に復活しつつある．

4.1　ベクトル積のベクトル積

ラグランジュの公式

ベクトル積 $\boldsymbol{u} \times \boldsymbol{v}$ に別のベクトル $\boldsymbol{w}$ をベクトル積としてかけると結果はどうなるだろうか．これについては次の公式（ラグランジュの公式，ベクトル3重積ともいう）が成立する．

公式 4.1

$$(\boldsymbol{u} \times \boldsymbol{v}) \times \boldsymbol{w} = (\boldsymbol{u} \cdot \boldsymbol{w})\boldsymbol{v} - (\boldsymbol{v} \cdot \boldsymbol{w})\boldsymbol{u} \tag{4.1}$$

図 4-1　ラグランジュ，Joseph Louis Lagrange：フランスの数学者，1736-1813．文献 [5] によると「ラグランジュ，常にその後来名声および幸福を得たることをわかき時貧困なりしことに帰して『予をして，もし富人ならしめば算学者となることは得ざりしならん』といえり．」(p.74)

これはいささか覚えにくい公式である．しかし，きわめて有用な公式なので暗記しておく価値は十分ある．

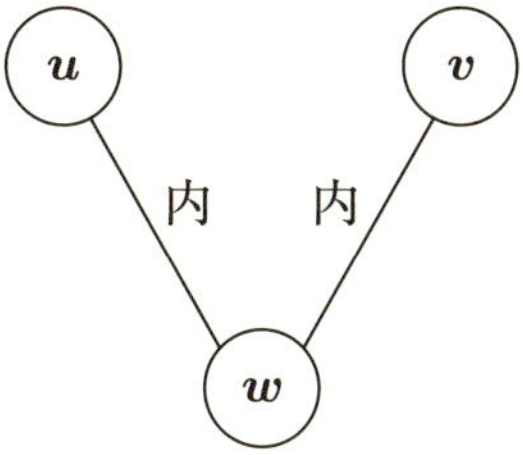

$\boldsymbol{u}$ と $\boldsymbol{w}$ の内積 $\boldsymbol{u}\cdot\boldsymbol{w}$ をまず求め，それを残った $\boldsymbol{v}$ にスカラー倍して $(\boldsymbol{u}\cdot\boldsymbol{w})\boldsymbol{v}$ を得る．次に $\boldsymbol{u}$ と $\boldsymbol{v}$ を入れ替えて得た $(\boldsymbol{v}\cdot\boldsymbol{w})\boldsymbol{u}$ を引いた結果が右辺になる．

ベクトル積を 2 回かけると，内積とベクトルのスカラー倍の差になるという結果なので **外外＝内スー内ス** の公式として記憶してもよい．

証明には，両辺の式の線形性を使う．すなわち，左辺と右辺をベクトル $\boldsymbol{v}$ についてのベクトル値関数と考えて

- $F(\boldsymbol{v}) = (\boldsymbol{u}\times\boldsymbol{v})\times\boldsymbol{w}$,
- $G(\boldsymbol{v}) = (\boldsymbol{u}\cdot\boldsymbol{w})\boldsymbol{v} - (\boldsymbol{v}\cdot\boldsymbol{w})\boldsymbol{u}$

とおく．すると $F(\boldsymbol{v}), G(\boldsymbol{v})$ はともに線形性をもつ．したがって

$$\boldsymbol{v} = x_1\boldsymbol{e}_1 + x_2\boldsymbol{e}_2 + x_3\boldsymbol{e}_3$$

とおくと

$$F(\boldsymbol{v}) = x_1F(\boldsymbol{e}_1) + x_2F(\boldsymbol{e}_2) + x_3F(\boldsymbol{e}_3),$$
$$G(\boldsymbol{v}) = x_1G(\boldsymbol{e}_1) + x_2G(\boldsymbol{e}_2) + x_3G(\boldsymbol{e}_3)$$

を得る．よって

$$F(\boldsymbol{e}_1) = G(\boldsymbol{e}_1),\ \ F(\boldsymbol{e}_2) = G(\boldsymbol{e}_2),\ \ F(\boldsymbol{e}_3) = G(\boldsymbol{e}_3)$$

を示せばよい．

成分表示して $\boldsymbol{u} = \begin{pmatrix} a_1 \\ a_2 \\ a_3 \end{pmatrix}$, $\boldsymbol{w} = \begin{pmatrix} b_1 \\ b_2 \\ b_3 \end{pmatrix}$ とおく．すると

$$\boldsymbol{u} \times \boldsymbol{e}_1 = \begin{pmatrix} 0 \\ a_3 \\ -a_2 \end{pmatrix}, \quad F(\boldsymbol{e}_1) = (\boldsymbol{u} \times \boldsymbol{e}_1) \times \boldsymbol{w} = \begin{pmatrix} a_2 b_2 + a_3 b_3 \\ -a_2 b_1 \\ -a_3 b_1 \end{pmatrix}.$$

一方

$$\boldsymbol{u} \cdot \boldsymbol{w} = a_1 b_1 + a_2 b_2 + a_3 b_3, \quad \boldsymbol{e}_1 \cdot \boldsymbol{w} = b_1,$$

$$(\boldsymbol{e}_1 \cdot \boldsymbol{w})\boldsymbol{u} = b_1 \boldsymbol{u} = b_1 \begin{pmatrix} a_1 \\ a_2 \\ a_3 \end{pmatrix} = \begin{pmatrix} a_1 b_1 \\ a_2 b_1 \\ a_3 b_1 \end{pmatrix}$$

なので，

$$G(\boldsymbol{e}_1) = (\boldsymbol{u} \cdot \boldsymbol{w})\boldsymbol{e}_1 - (\mathbf{e_1} \cdot \boldsymbol{w})\boldsymbol{u} = \begin{pmatrix} a_2 b_2 + a_3 b_3 \\ -a_2 b_1 \\ -a_3 b_1 \end{pmatrix}.$$

よって $F(\boldsymbol{e}_1) = G(\boldsymbol{e}_1)$.

同様に計算すれば，$F(\boldsymbol{e}_2) = G(\boldsymbol{e}_2)$, $F(\boldsymbol{e}_3) = G(\boldsymbol{e}_3)$ が示される．

ヤコビの法則

ラグランジュの公式において $\boldsymbol{u}, \boldsymbol{v}, \boldsymbol{w}$ の代わりに $\boldsymbol{v}, \boldsymbol{w}, \boldsymbol{u}$，さらに $\boldsymbol{w}, \boldsymbol{u}, \boldsymbol{v}$ を用いて得られた 3 個の式

$$(\boldsymbol{u} \times \boldsymbol{v}) \times \boldsymbol{w} = (\boldsymbol{u} \cdot \boldsymbol{w})\boldsymbol{v} - (\boldsymbol{v} \cdot \boldsymbol{w})\boldsymbol{u},$$

$$(\boldsymbol{v} \times \boldsymbol{w}) \times \boldsymbol{u} = (\boldsymbol{v} \cdot \boldsymbol{u})\boldsymbol{w} - (\boldsymbol{w} \cdot \boldsymbol{u})\boldsymbol{v},$$

$$(\boldsymbol{w} \times \boldsymbol{u}) \times \boldsymbol{v} = (\boldsymbol{w} \cdot \boldsymbol{v})\boldsymbol{u} - (\boldsymbol{u} \cdot \boldsymbol{v})\boldsymbol{w}$$

をすべて加える．すると

$$
\begin{aligned}
&(\boldsymbol{u}\times\boldsymbol{v})\times\boldsymbol{w}+(\boldsymbol{v}\times\boldsymbol{w})\times\boldsymbol{u}+(\boldsymbol{w}\times\boldsymbol{u})\times\boldsymbol{v}\\
&=(\boldsymbol{u}\cdot\boldsymbol{w})\boldsymbol{v}-(\boldsymbol{v}\cdot\boldsymbol{w})\boldsymbol{u}+(\boldsymbol{v}\cdot\boldsymbol{u})\boldsymbol{w}\\
&\quad-(\boldsymbol{w}\cdot\boldsymbol{u})\boldsymbol{v}+(\boldsymbol{w}\cdot\boldsymbol{v})\boldsymbol{u}-(\boldsymbol{u}\cdot\boldsymbol{v})\boldsymbol{w}\\
&=0.
\end{aligned}
$$

ここで示された

$$
(\boldsymbol{u}\times\boldsymbol{v})\times\boldsymbol{w}+(\boldsymbol{v}\times\boldsymbol{w})\times\boldsymbol{u}+(\boldsymbol{w}\times\boldsymbol{u})\times\boldsymbol{v}=0
$$

をヤコビの法則という．

問題 4.2

n 次正方行列 A, B に関して $AB - BA$ を A, B の交換子といい，$[A, B]$ と書く．

n 次正方行列 A, B, C と数 k, m について次を示せ．

(1) $[A, B] = -[B, A]$,

(2) $[[A, B], C] + [[B, C], A] + [[C, A], B] = 0$,

(3) $[kA + mB, C] = k[A, C] + m[B, C]$.

問題 4.3

$$
P=\frac{1}{2}\begin{pmatrix}0 & i\\ i & 0\end{pmatrix},\quad Q=\frac{1}{2}\begin{pmatrix}0 & -1\\ 1 & 0\end{pmatrix},\quad R=\frac{1}{2}\begin{pmatrix}i & 0\\ 0 & -i\end{pmatrix}
$$

とおくとき，

$$
[P, Q] = R,\ \ [Q, R] = P,\ \ [R, P] = Q
$$

を示せ．

次に，$X(a, b, c) = aP + bQ + cR$ とおくとき，

$$
[X(a_1, b_1, c_1), X(a_2, b_2, c_2)] = X(a_3, b_3, c_3)
$$

と書き，a_j, b_j, c_j を成分とするベクトルを $\boldsymbol{w}_j$ とすると

$$
\boldsymbol{w}_1\times\boldsymbol{w}_2=\boldsymbol{w}_3
$$

を示せ.

ベクトル積どうしの内積

3 次元ベクトル $\boldsymbol{u}, \boldsymbol{v}, \boldsymbol{w}, \boldsymbol{q}$ が与えられたとき，ベクトル積 $\boldsymbol{u} \times \boldsymbol{v}$ と $\boldsymbol{w} \times \boldsymbol{q}$ を作り，それらの内積 $(\boldsymbol{u} \times \boldsymbol{v}) \cdot (\boldsymbol{w} \times \boldsymbol{q})$ を考えてみよう.

$(\boldsymbol{u} \times \boldsymbol{v}) \cdot (\boldsymbol{w} \times \boldsymbol{q})$ を行列式で書いてから，行列式の交代性を用いると次の変形ができる.

$$\begin{aligned}(\boldsymbol{u} \times \boldsymbol{v}) \cdot (\boldsymbol{w} \times \boldsymbol{q}) &= \left|\boldsymbol{u} \quad \boldsymbol{v} \quad \boldsymbol{w} \times \boldsymbol{q}\right| \\ &= -\left|\boldsymbol{u} \quad \boldsymbol{w} \times \boldsymbol{q} \quad \boldsymbol{v}\right| \\ &= \left|\boldsymbol{w} \times \boldsymbol{q} \quad \boldsymbol{u} \quad \boldsymbol{v}\right| \\ &= ((\boldsymbol{w} \times \boldsymbol{q}) \times \boldsymbol{u}) \cdot \boldsymbol{v}.\end{aligned}$$

ラグランジュの公式により

$$(\boldsymbol{w} \times \boldsymbol{q}) \times \boldsymbol{u} = (\boldsymbol{w} \cdot \boldsymbol{u})\boldsymbol{q} - (\boldsymbol{q} \cdot \boldsymbol{u})\boldsymbol{w}.$$

これを用いれば

$$\begin{aligned}(\boldsymbol{u} \times \boldsymbol{v}) \cdot (\boldsymbol{w} \times \boldsymbol{q}) &= (\boldsymbol{w} \cdot \boldsymbol{u})(\boldsymbol{q} \cdot \boldsymbol{v}) - (\boldsymbol{q} \cdot \boldsymbol{u})(\boldsymbol{w} \cdot \boldsymbol{v}) \\ &= \begin{vmatrix} \boldsymbol{u} \cdot \boldsymbol{w} & \boldsymbol{u} \cdot \boldsymbol{q} \\ \boldsymbol{v} \cdot \boldsymbol{w} & \boldsymbol{v} \cdot \boldsymbol{q} \end{vmatrix}.\end{aligned}$$

かくして次の公式が証明された.

公式 4.4

3 次元ベクトル $\boldsymbol{u}, \boldsymbol{v}, \boldsymbol{w}, \boldsymbol{q}$ に対して

$$(\boldsymbol{u} \times \boldsymbol{v}) \cdot (\boldsymbol{w} \times \boldsymbol{q}) = (\boldsymbol{u} \cdot \boldsymbol{w})(\boldsymbol{v} \cdot \boldsymbol{q}) - (\boldsymbol{u} \cdot \boldsymbol{q})(\boldsymbol{v} \cdot \boldsymbol{w}).$$

これを，**外内外＝内内－内内** の公式という.

問題 4.5

3 次元ベクトル $\boldsymbol{u}, \boldsymbol{v}, \boldsymbol{w}, \boldsymbol{q}$ が与えられたとき

$$(\boldsymbol{u} \times \boldsymbol{v}) \times (\boldsymbol{w} \times \boldsymbol{q})$$

を行列式を用いて簡単にせよ.

問題 4.6

3 次元ベクトル $\boldsymbol{u}, \boldsymbol{v}, \boldsymbol{w}$ が与えられたとき

$$(\boldsymbol{u} \times \boldsymbol{v}) \times (\boldsymbol{u} \times \boldsymbol{w})$$

を簡単にせよ.

問題 4.7

3 次元ベクトル $\boldsymbol{u}, \boldsymbol{v}, \boldsymbol{w}, \boldsymbol{q}$ が与えられたとき

$$(\boldsymbol{u} \times \boldsymbol{v}) \times (\boldsymbol{w} \times \boldsymbol{q}) = -(\boldsymbol{w} \times \boldsymbol{q}) \times (\boldsymbol{u} \times \boldsymbol{v})$$

の両辺をラグランジュの公式を用いて簡単にし，それから 3 元の場合のクラメルの公式を導け.

問題 4.8

3 次元ベクトル $\boldsymbol{u}_1, \boldsymbol{u}_2, \boldsymbol{u}_3$ が与えられたとき $\delta = \begin{vmatrix} \boldsymbol{u_1} & \boldsymbol{u_2} & \boldsymbol{u_3} \end{vmatrix}$ とおく.

$$\begin{vmatrix} \boldsymbol{u_1} \times \boldsymbol{u_2} & \boldsymbol{u_1} \times \boldsymbol{u_3} & \boldsymbol{u_2} \times \boldsymbol{u_3} \end{vmatrix} = \delta^2$$

を示せ.

コーシー・シュワルツの不等式の精密化

公式 (4.4) において $\boldsymbol{u} = \boldsymbol{w}$, $\boldsymbol{v} = \boldsymbol{q}$ とすると

$$(\boldsymbol{u} \times \boldsymbol{v})^2 = \begin{pmatrix} \boldsymbol{u}^2 & \boldsymbol{u} \cdot \boldsymbol{v} \\ \boldsymbol{u} \cdot \boldsymbol{v} & \boldsymbol{v}^2 \end{pmatrix} = \boldsymbol{u}^2 \boldsymbol{v}^2 - (\boldsymbol{u} \cdot \boldsymbol{v})^2.$$

これを書き直すと公式

$$(\boldsymbol{u}\times\boldsymbol{v})^2+(\boldsymbol{u}\cdot\boldsymbol{v})^2=\boldsymbol{u}^2\boldsymbol{v}^2$$

が得られる．**内^2＋外^2＝絶^{2}絶^2**として記憶できる美しい公式である．これらが実ベクトルのとき

$$\boldsymbol{u}^2\boldsymbol{v}^2\geqq(\boldsymbol{u}\cdot\boldsymbol{v})^2,$$

かつ，等号が成り立つとき $\boldsymbol{u}\times\boldsymbol{v}=0$ となる．したがって $\boldsymbol{u}$ と $\boldsymbol{v}$ は1次従属である．これはコーシー・シュワルツの不等式である．だから，内^2＋外^2＝絶^{2}絶^{2}の公式はコーシー・シュワルツの不等式の精密化と見なすことができる．

4.2 複素ベクトルのベクトル積

次に3次元複素ベクトルを考える．複素ベクトル $\boldsymbol{w}$ が $\boldsymbol{w}^2=\boldsymbol{w}\cdot\boldsymbol{w}=0$ でも $\boldsymbol{w}$ は $\boldsymbol{0}$ とは限らない．たとえば $\boldsymbol{w}=\begin{pmatrix}1\\i\\0\end{pmatrix}$ は $\boldsymbol{w}^2=1-1=0$ を満たすが，無論 $\boldsymbol{0}$ ではない．

複素シュワルツ不等式

複素ベクトル $\boldsymbol{w}$ に対して，共役 $\overline{\boldsymbol{w}}$ [1]を考え，$\boldsymbol{w}\cdot\overline{\boldsymbol{w}}$ をベクトルの大きさの二乗と考えるのがよい．$\boldsymbol{w}\cdot\overline{\boldsymbol{w}}=0$ なら $\boldsymbol{w}=\boldsymbol{0}$ が出るからである．そこで $\sqrt{\boldsymbol{w}\cdot\overline{\boldsymbol{w}}}$ を $|\boldsymbol{w}|$ と書き，$\boldsymbol{w}$ の大きさまたは絶対値という．したがって $|\boldsymbol{w}|^2=\boldsymbol{w}\cdot\overline{\boldsymbol{w}}$．$\boldsymbol{w}$ が実ベクトルなら p.12

1)　複素ベクトル $\boldsymbol{x}$ の各成分の複素共役を成分とするベクトルを $\overline{\boldsymbol{x}}$ と書く．

のベクトルの大きさと一致する．

そこで，外内外＝内内－内内 の公式において $\boldsymbol{w}=\overline{\boldsymbol{u}}$, $\boldsymbol{q}=\overline{\boldsymbol{v}}$ とすると

$$(\boldsymbol{u}\times\boldsymbol{v})\cdot(\boldsymbol{w}\times\boldsymbol{q})=(\boldsymbol{u}\times\boldsymbol{v})\cdot(\overline{\boldsymbol{u}}\times\overline{\boldsymbol{v}})=|(\boldsymbol{u}\times\boldsymbol{v})|^2$$

になるので

$$|(\boldsymbol{u}\times\boldsymbol{v})|^2=|\boldsymbol{u}|^2|\boldsymbol{v}|^2-|(\boldsymbol{u}\cdot\overline{\boldsymbol{v}})|^2 \tag{4.2}$$

が得られる．$|(\boldsymbol{u}\times\boldsymbol{v})|^2 \geqq 0$ なので

$$|\boldsymbol{u}|^2|\boldsymbol{v}|^2 \geqq |(\boldsymbol{u}\cdot\overline{\boldsymbol{v}})|^2$$

が得られる．これが複素シュワルツ不等式である．ここで 等号が成り立つときは，$|(\boldsymbol{u}\times\boldsymbol{v})|^2=0$ になり $\boldsymbol{u}\times\boldsymbol{v}=\boldsymbol{0}$ が出るので，$\boldsymbol{u}$ と $\boldsymbol{v}$ は平行になる．

$\boldsymbol{u}\cdot\overline{\boldsymbol{v}}$ を括弧を用いて $(\boldsymbol{u},\boldsymbol{v})$ と書き，これを $\boldsymbol{u}$ と $\boldsymbol{v}$ との**エルミート内積**という．

複素ベクトルについては，通常の内積よりエルミート内積の方が使いやすい．これを用いると複素シュワルツ不等式が次のように少しだけ簡潔に書ける．

$$|\boldsymbol{u}|^2|\boldsymbol{v}|^2 \geqq |(\boldsymbol{u},\boldsymbol{v})|^2.$$

問題 4.9

3 次元複素ベクトル $\boldsymbol{u},\boldsymbol{v}$ が 1 次独立なら，$\boldsymbol{u}$, $\boldsymbol{v}$, $\overline{\boldsymbol{u}}\times\overline{\boldsymbol{v}}$ も 1 次独立であることを示せ．

［ヒント］ $\boldsymbol{u}$, $\boldsymbol{v}$, $\overline{\boldsymbol{u}}\times\overline{\boldsymbol{v}}$ の作る行列式をベクトル積で書き換える．

V を複素ベクトルの作るベクトル空間とし，$f:V\to V$ を線形

写像とするとき，λ が線形写像 f の固有値とは0でない複素ベクトル $\boldsymbol{u}$（固有ベクトル）があって

$$f(\boldsymbol{u}) = \lambda \boldsymbol{u}$$

を満たすことである．

問題 4.10

V を複素3次元ベクトルの作る3次元ベクトル空間とし，$\boldsymbol{q}$ を $\boldsymbol{0}$ でない実3次元ベクトルとする．線形写像 $f : V \to V$ を $f(\boldsymbol{u}) = \boldsymbol{u} \times \boldsymbol{q}$ で定義する．次を示せ．

(1) 固有値 λ が0なら 固有ベクトル $\boldsymbol{u}$ は $\boldsymbol{q}$ のスカラー倍となる．

(2) $\lambda \neq 0$ なら λ は純虚数となる．

複素ベクトルは以後，扱わない．

4.3　行列との積

行列式の乗法定理

内積とベクトル積の関係をいろいろ調べてきたが，この他に行列の積とベクトル積の関係を調べておこう．

一般の正方行列で成り立つ行列式の乗法定理（第7章）を3次正則行列 A と3次行列 B について使うと

$$\det(A)\det(B) = \det(AB).$$

さて，3次行列 B を $B = \begin{pmatrix} \boldsymbol{u} & \boldsymbol{v} & \boldsymbol{w} \end{pmatrix}$ と列ベクトル $\boldsymbol{u}, \boldsymbol{v}, \boldsymbol{w}$ に分

解すると，命題 3.9 に注意して，

$$\begin{aligned}\det A \det B &= \det(AB) = \det\bigl(A\begin{pmatrix}\boldsymbol{u} & \boldsymbol{v} & \boldsymbol{w}\end{pmatrix}\bigr)\\ &= \det\begin{pmatrix}A\boldsymbol{u} & A\boldsymbol{v} & A\boldsymbol{w}\end{pmatrix}\\ &= (A\boldsymbol{u}\times A\boldsymbol{v})\cdot A\boldsymbol{w}.\end{aligned}$$

一方

$$\det(B) = (\boldsymbol{u}\times\boldsymbol{v})\cdot\boldsymbol{w},$$

$$\det(A)\det(B) = \det(A)(\boldsymbol{u}\times\boldsymbol{v})\cdot\boldsymbol{w}. \tag{4.3}$$

これらより次の公式を得る．

$$\det(A)(\boldsymbol{u}\times\boldsymbol{v})\cdot\boldsymbol{w} = (A\boldsymbol{u}\times A\boldsymbol{v})\cdot A\boldsymbol{w}. \tag{4.4}$$

$A\boldsymbol{w}=\boldsymbol{q}$ とおくと，A は正則なので $\boldsymbol{w}=A^{-1}\boldsymbol{q}$ になる．これより

$$\det(A)(\boldsymbol{u}\times\boldsymbol{v})\cdot A^{-1}\boldsymbol{q} = (A\boldsymbol{u}\times A\boldsymbol{v})\cdot\boldsymbol{q}.$$

A^{-1} の転置行列 ${}^tA^{-1}$ を使うと内積の性質より

$$(\boldsymbol{u}\times\boldsymbol{v})\cdot A^{-1}\boldsymbol{q} = {}^tA^{-1}(\boldsymbol{u}\times\boldsymbol{v})\cdot\boldsymbol{q}.$$

よって，

$$(\boldsymbol{u}\times\boldsymbol{v})\cdot A^{-1}\boldsymbol{q} = {}^tA^{-1}(\boldsymbol{u}\times\boldsymbol{v})\cdot\boldsymbol{q}$$

なので，結局次の式になる．

$$\det(A)\ {}^tA^{-1}(\boldsymbol{u}\times\boldsymbol{v})\cdot\boldsymbol{q} = (A\boldsymbol{u}\times A\boldsymbol{v})\cdot\boldsymbol{q}.$$

次項に示す補題 4.11 を使うと次の結果を得る．

$$A\boldsymbol{u}\times A\boldsymbol{v} = \det(A)\ {}^tA^{-1}(\boldsymbol{u}\times\boldsymbol{v}). \tag{4.5}$$

ところが，行列 A の余因子行列 $\widetilde{A}$ を使うと $A^{-1} = \widetilde{A}/\det(A)$

なので，$\det(A)\,{}^tA^{-1} = {}^t\widetilde{A}$ になるから次式を得る．

$$A\boldsymbol{u} \times A\boldsymbol{v} = {}^t\widetilde{A}(\boldsymbol{u} \times \boldsymbol{v}). \tag{4.6}$$

補題 4.11

ベクトル $\boldsymbol{u}, \boldsymbol{v}$ について

$$\boldsymbol{u} \cdot \boldsymbol{q} = \boldsymbol{v} \cdot \boldsymbol{q}$$

がすべてのベクトル $\boldsymbol{q}$ について成立すれば $\boldsymbol{u} = \boldsymbol{v}$.

［証明］ $(\boldsymbol{u} - \boldsymbol{v}) \cdot \boldsymbol{q} = 0$ になるので $\boldsymbol{v} = \boldsymbol{0}$ の場合に示せばよいことがわかる．

$\boldsymbol{u} = \begin{pmatrix} x_1 \\ x_2 \\ x_3 \end{pmatrix}$ とおくとき $\boldsymbol{q} = \boldsymbol{e}_1$ とすると $\boldsymbol{u} \cdot \boldsymbol{e}_1 = x_1 = 0$. 同様に $\boldsymbol{q} = \boldsymbol{e}_2, \boldsymbol{e}_3$ について使えば $x_2 = x_3 = 0$. よって，$\boldsymbol{u} = \boldsymbol{0}$.

問題 4.12

T を3次の直交行列とする．3次元ベクトル $\boldsymbol{u}, \boldsymbol{v}$ に関して次を示せ．

- $\det T = 1$ なら $T\boldsymbol{u} \times T\boldsymbol{v} = T(\boldsymbol{u} \times \boldsymbol{v})$,
- $\det T = -1$ なら $T\boldsymbol{u} \times T\boldsymbol{v} = -T(\boldsymbol{u} \times \boldsymbol{v})$.

問題 4.13

正方行列 A, B について

$$A\boldsymbol{q} = B\boldsymbol{q}$$

がすべてのベクトル $\boldsymbol{q}$ について成立すれば $A = B$.

問題 4.14

2 階微分可能な t についてのベクトル値関数 $\boldsymbol{u}$ について，$\boldsymbol{u}''$ が $\boldsymbol{u}$ と平行なら $\boldsymbol{u} \times \boldsymbol{u}'$ は t によらないことを示せ.

4.4　4 元数とベクトル積

ハミルトンは複素数を用いると平面図形の研究ができることに気づいた．そこで空間図形を研究するために，より高度な数である 4 元数を創始した.

4 元数では 1 と虚数単位 i 以外にさらに 2 つの単位 j, k がある．これら 4 元 $1, i, j, k$ を基礎にもつ $q = a + bi + cj + dk$ （a, b, c, d は実数）は次の計算式

$$i^2 = j^2 = k^2 = -1,$$

$$ij = k,\ jk = i,\ ki = j,\ ji = -k,\ ik = -j,\ kj = -i$$

を満たす.

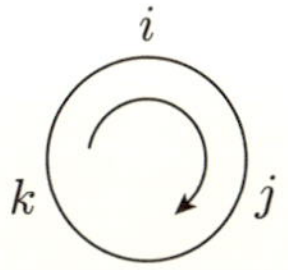

右回りで $ij = k,\ jk = i,\ ki = j$

このような q を **4 元数** (quaternion) という．これらはベクトルとしての計算規則の他，結合法則，分配法則が成り立つ．しかし積の交換法則は必ずしも成り立たない．積の交換法則を捨てたところに発展の鍵があったのである.

$bi + cj + dk$ を**純 4 元数** (pure imaginary quaternion) という.

図 **4-2**　ハミルトン，Sir William Rowan Hamilton：アイルランドの数学者，1805-1865

さて $q = a + bi + cj + dk$ において a を q の実部 (scalar)，そして $bi + cj + dk$ を q の純 4 元数部 (vector)[2)]（または単に虚部）ということにしよう．

$ij + ji = 0$ により $(bi + cj)^2 = -b^2 - c^2$ となるので $X_0 = \cos(\theta)i + \sin(\theta)j$ とおくと $X_0^2 = -1$ を満たす．驚くべきことに，4 元数では 2 次方程式 $X^2 = -1$ の解は無数にあるのである．しかし，4 元数においても $X^2 = i$ の解は $\pm\dfrac{1+i}{\sqrt{2}}$ のみである．

問題 4.15

積の結合法則が成立すると仮定して，$i^2 = j^2 = k^2 = ijk = -1$ から $ij = k$, $jk = i$, $ki = j$, $ji = -k$, $ik = -j$, $kj = -i$ を導け．

問題 4.16

空欄を埋めよ．

2)　複素数では b を $\alpha = a + bi$ の虚部という．

ξ	i	j	k	$xi + yj + zk$
$i\xi i$	$-i$			$-xi + yj + zk$
$j\xi j$		$-j$		
$k\xi k$			$-k$	

4 元数の結合法則

4 元数において積の結合法則が成立することを実際に計算して確認する必要がある．4 元数の計算に慣れるためにも積について結合法則を確かめることにしよう．

はじめに純 4 元数どうしの積について考察する．

$\xi_1 = x_1 i + y_1 j + z_1 k$, $\xi_2 = x_2 i + y_2 j + z_2 k$ とするとき $\xi_1\xi_2$ を計算すると

$$\xi_1\xi_2 = -x_1x_2 - y_1y_2 - z_1z_2 \\ +(y_1z_2 - z_1y_2)i + (z_1x_2 - x_1z_2)j + (x_1y_2 - y_1x_2)k.$$

そこで,

$$\boldsymbol{u}_1 = \begin{pmatrix} x_1 \\ y_1 \\ z_1 \end{pmatrix}, \quad \boldsymbol{u}_2 = \begin{pmatrix} x_2 \\ y_2 \\ z_2 \end{pmatrix}$$

とおく．すなわち $\xi_1 = x_1 i + y_1 j + z_1 k$ を成分表示したベクトルが $\boldsymbol{u}_1$ である．

$\xi_1\xi_2$ の実部は $-\boldsymbol{u}_1 \cdot \boldsymbol{u}_2$，純 4 元数部はベクトル積 $\boldsymbol{u}_1 \times \boldsymbol{u}_2$ と同じ係数をもつのである．

$\boldsymbol{u}_1 \times \boldsymbol{u}_2$ と同じ係数をもつ 4 元数をやはり $\xi_1 \times \xi_2$ と書き，内積 $\boldsymbol{u}_1 \cdot \boldsymbol{u}_2$ を $(\xi_1 \cdot \xi_2)$ と書こう．

純 4 元数全体は i, j, k を基底にもつ $\mathbf{R}$ 上の 3 次元ベクトル空間になる．これを $\boldsymbol{H}_0$ で示すことにする．

ξ_1, ξ_2 と $\boldsymbol{H}_0$ に対して，$\xi_1\xi_2$ は実部 $-(\xi_1 \cdot \xi_2)$ をもつので $\boldsymbol{H}_0$ に属さない．これでは乗法ができないので，実数 a と純 4 元数 ξ を対にした (a, ξ) を考えて

- 加法 $(a_1, \xi_1) + (a_2, \xi_2) = (a_1 + a_2, \xi_1 + \xi_2)$,
- スカラー倍 $k(a_1, \xi_1) = (ka_1, k\xi_1)$,
- 乗法 $(a_1, \xi_1)(a_2, \xi_2) = (a_1a_2 - (\xi_1 \cdot \xi_2),\ a_1\xi_2 + a_2\xi_1 + \xi_1 \times \xi_2)$

を定義する．こうして得られた (a, ξ) の全体は実数体 $\mathbf{R}$ と $\boldsymbol{H}_0$ のベクトル空間としての直和と見なされる．これを $\boldsymbol{H}$ で示す．

$(a, \xi) = a(1, 0) + (0, \xi)$ と書けるので $a(1, 0)$ を単に a と書き，$(0, \xi)$ を ξ と略記しても誤解が生じないであろう．したがって

$$\xi_1\xi_2 = -(\xi_1 \cdot \xi_2) + \xi_1 \times \xi_2$$

と簡単に書ける．

積の結合法則を確認するため，まず純 4 元数どうしの場合を扱う．

$$(\xi_1\xi_2)\xi_3 = \xi_1(\xi_2\xi_3) \tag{4.7}$$

について左辺と右辺をそれぞれ計算する．

両辺の計算

左辺から計算を始めると

$$\xi_1\xi_2 = -(\xi_1 \cdot \xi_2) + \xi_1 \times \xi_2$$

なので

$$(\xi_1\xi_2)\xi_3 = -(\xi_1 \cdot \xi_2)\xi_3 - (\xi_1 \times \xi_2) \cdot \xi_3 + (\xi_1 \times \xi_2) \times \xi_3.$$

$(\xi_1 \times \xi_2)\cdot\xi_3$ は行列式 $\begin{vmatrix}\xi_1 & \xi_2 & \xi_3\end{vmatrix}$ になり，一方 ラグランジュの公式によって

$$(\xi_1 \times \xi_2) \times \xi_3 = (\xi_1 \cdot \xi_3)\xi_2 - (\xi_2 \cdot \xi_3)\xi_1.$$

これより

$$(\xi_1\xi_2)\xi_3 = -(\xi_1 \cdot \xi_2)\xi_3 - \begin{vmatrix}\xi_1 & \xi_2 & \xi_3\end{vmatrix} + (\xi_1 \cdot \xi_3)\xi_2 - (\xi_2 \cdot \xi_3)\xi_1. \tag{4.8}$$

次に右辺の計算をする．ただし第 3 項を R として別に計算する．

$$\xi_2\xi_3 = -(\xi_2 \cdot \xi_3) + \xi_2 \times \xi_3$$

なので

$$\begin{aligned}\xi_1(\xi_2\xi_3) &= -(\xi_2 \cdot \xi_3)\xi_1 - \xi_1 \cdot (\xi_2 \times \xi_3) + R \\ &= -(\xi_2 \cdot \xi_3)\xi_1 - \begin{vmatrix}\xi_1 & \xi_2 & \xi_3\end{vmatrix} + R.\end{aligned}$$

第 3 項 R は次の通りである．

$$\begin{aligned}R &= \xi_1 \times (\xi_2 \times \xi_3) \\ &= -(\xi_2 \times \xi_3) \times \xi_1 \\ &= -(\xi_1 \cdot \xi_2)\xi_3 + (\xi_1 \cdot \xi_3)\xi_2.\end{aligned}$$

以上をまとめて

$$\xi_1(\xi_2\xi_3) = -(\xi_2 \cdot \xi_3)\xi_1 - \begin{vmatrix}\xi_1 & \xi_2 & \xi_3\end{vmatrix} - (\xi_1 \cdot \xi_2)\xi_3 + (\xi_1 \cdot \xi_3)\xi_2.$$

この式は左辺の式（4.8）に等しい．

こうして，$(\xi_1\xi_2)\xi_3 = \xi_1(\xi_2\xi_3)$ が確かめられた．

一般の 4 元数 q は $q = a + \xi$ のように実数 a と 純 4 元数 ξ の和

であり，これについて結合法則を確かめることは純4元数について結合法則を確かめた今となってはごく簡単なことである．

共役と逆元

実数でない4元数 q が別の0でない4元数 q_0 をかけたら実数になったとしよう．すなわち $qq_0 \in \mathbf{R}$ とする．

$q = a + \xi$, $q_0 = a_0 + \xi_0$ のように実部と純4元数部にわけて表示する．

$$qq_0 = aa_0 + a\xi_0 + a_0\xi - (\xi \cdot \xi_0) + \xi \times \xi_0$$

の純4元数部は

$$a\xi_0 + a_0\xi + \xi \times \xi_0$$

であり，これは仮定により0である．

したがって命題3.5により ξ と ξ_0 は1次独立ではない．よって $\xi_0 = k\xi$ と書ける実数 k がとれる．

$$a_0\xi + a\xi_0 + \xi \times \xi_0 = 0, \quad \xi \times \xi_0 = 0$$

により，

$$a_0\xi + a\xi_0 = a_0\xi + ak\xi = (a_0 + ka)\xi = 0.$$

これによって，$a_0 = -ka$ になり，さらに

$$q_0 = a_0 + \xi_0 = -ka + k\xi = -k(a - \xi)$$

と書ける．

ここで $a - \xi$ を $\overline{q}$ と書き，4元数 q の共役とよぶ．すると $q_0 = -k\overline{q}$.

さて

$$q\overline{q} = (a+\xi)(a-\xi) = a^2 + (\xi\cdot\xi) = a^2+b^2+c^2+d^2$$

となる．そこで $q=a+\xi$ に対して $N(q)=q\overline{q}$ とおき，q のノルムとよぶ．

$q \neq 0$ なら $N(q) > 0$．そこで $q_1 = \dfrac{\overline{q}}{N(q)}$ とおけば $qq_1 = 1$, $q_1q=1$ を満たす．この q_1 は q の逆元であって q^{-1} と書く．

問題 4.17

4 元数 q_1, q_2 に対して次を示せ．

(1) $\overline{q_1q_2} = \overline{q_2}\,\overline{q_1}$,

(2) $N(q_1q_2) = N(q_1)N(q_2)$.

問題 4.18

4 元数に対して次を示せ．

(1) $\overline{q} = -q$ ならば $q \in \boldsymbol{H}_0$,

(2) $q \in \boldsymbol{H}$, $\xi \in \boldsymbol{H}_0$ に対して $\eta = q\xi\overline{q} \in \boldsymbol{H}_0$,

(3) $q \in \boldsymbol{H}_0$, $\xi \in \boldsymbol{H}_0$ に対して $\eta = q\xi\overline{q} = 2(q\cdot\xi)q - (q\cdot q)\xi$.

問題 4.19

上の問題に続けて，$q = i\cos\theta + j\sin\theta\cos\varphi + k\sin\theta\sin\varphi$, $\xi = xi+yj+zk$, $\eta = xi+Yj+Zk$ とおくとき X, Y, Z を x, y, z の 1 次式で示せ．

ξ を η に対応させその係数の対応を 3 次の行列で書くとこれは 3 次の直交行列である．このようにして，3 次元空間の研究において 1 次元（余剰次元という）増やすとうまくいくのである．これは真に不思議なことといってよいだろう．

問題 4.20

(1) $q = \cos\theta + i\sin\theta$ とおくとき，$q_1 = qj \in \boldsymbol{H}_0$ を示せ．

(2) $\xi_1 = j\xi j$ とおくとき，$q\xi\overline{q} = -q_1\xi_1\overline{q_1}$ を示せ．

(3) $\xi = xi + yj + zk$ のとき $q\xi\overline{q} = Xi + Yj + Zk$ とおく．X, Y, Z を x, y, z の 1 次式で示せ．

非可換体

4 元数では交換法則は成立しないが結合法則は成り立って，しかも 0 でない 4 元数は逆元をもち，その結果除算もできる．だから 4 元数環は（非可換）体[3)]になるのである．

それに引きかえ，ベクトル積を積とした 3 次のベクトル空間は積の交換法則が成り立たないし，結合法則も成り立たないが，ヤコビの法則は成り立つのでリー環になる．

ベクトル積でのラグランジュの公式が役にたって，4 元数の場合，積の結合法則が簡単に証明できたことは実に不思議なことである．

実数体 $\mathbf{R}$ の有限次拡大可換体は複素数体であり，ガウスが証明した．また，$\mathbf{R}$ の有限次拡大非可換体は 4 元数の体であることは，フロベニウスが証明した．したがって 4 元数はハミルトンが創った数のようであるが，実は天与の実体であってそれがたまたまハミルトンにより発見されたというべきなのかもしれない．

フロベニウスの定理の証明

V を $\mathbf{R}$ の有限次拡大非可換体とする．$\mathbf{R}$ のベクトル空間としての次元を $1+n$ とする．その基底を $\varepsilon_0, \varepsilon_1, \cdots, \varepsilon_n$ とおくが，$\varepsilon_0 = 1$

3)　四則計算，すなわち加減乗除ができる集合を体という．

図 **4-3**　フロベニウス，Ferdinand Georg Frobenius：ドイツの数学者，1849-1917．ケーリー・ハミルトンの定理の厳密な証明を与えた．

としておく．$\varepsilon_1, \cdots, \varepsilon_n$ の 1 次結合全体を V_0 とおく．したがって $V = \mathbf{R} + V_0$.

問題 4.21

0 でない $\xi \in V_0$ は虚根をもつ 2 次式 $X^2 + pX + q = 0$ の解となることを示せ．

このことより，$\varepsilon_1, \cdots, \varepsilon_n$ はみな $X^2 = -1$ の根であるとしてよい．

問題 4.22

1 次独立な $\xi, \eta \in V_0$ が $\xi^2 = \eta^2 = -1$ を満たすとき $\xi\eta + \eta\xi$ は実数となることを示せ．

［ヒント］ $(\xi + \eta)^2 = p_1(\xi + \eta) + p_2$, $(\xi - \eta)^2 = p_3(\xi - \eta) + p_4$ を計算する．

問題 4.23

$u = a_1\varepsilon_1 + \cdots + a_n\varepsilon_n \in V_0$ とおくと，u^2 は非正の実数となることを示せ．

u^2 から負定値の2次形式が決まるので，これから直交行列を用いて標準化（第6章，定理6.2）すれば，$i \neq j$ なら $\varepsilon_i\varepsilon_j + \varepsilon_j\varepsilon_i = 0$ を満たすようにできる．

問題 4.24

$1, \varepsilon_1, \varepsilon_2, \varepsilon_1\varepsilon_2$ は1次独立で $(\varepsilon_1\varepsilon_2)^2 = -1$ を満たすことを示せ．

ε_3 の代わりに $\varepsilon_1\varepsilon_2$ を用いることにより，$\varepsilon_3 = \varepsilon_1\varepsilon_2$ と仮定してよい．$n = 3$ なら V は4元数の体になる．

問題 4.25

$n > 3$ のとき，$\varepsilon_1\varepsilon_2 = \varepsilon_3$ とすると $\varepsilon_1\varepsilon_2\varepsilon_4 = -\varepsilon_1\varepsilon_4\varepsilon_2 = \varepsilon_4\varepsilon_1\varepsilon_2$，$\varepsilon_3\varepsilon_4 = -\varepsilon_4\varepsilon_3$．これから矛盾を導け．

係数が整数の4元数を4元整数という．自然数はある4元整数のノルムとして書けることがラグランジュにより証明されている．

問題 4.26

50までの自然数を4元整数のノルムとして表せ．

第 5 章

空間図形

空間図形とは 3 次元の空間内の図形の意味であるが，ここでは空間内の平面と直線を主に扱う．平面の場合と異なり，空間内では平行でない 2 直線が交わらないことは普通におこり，平面図形に比べてやや複雑である．しかし，ベクトル積と内積を活用すると式が簡単に書けて空間図形の扱いがぐっと楽になる．

5.1　空間図形と座標，平面

空間座標

空間の点は座標 (x, y, z) によって表される．x 軸，y 軸，z 軸 は原点で交わり，各々は直交する．本書では空間座標は右手系の場合のみを扱う．すなわち，右手を開き，親指，人差し指，中指[1]をそれぞれ x 軸，y 軸，z 軸と見なしてできる空間座標系が右手系である．

図 **5-1**　指に x, y, z を描いている政治家 P さん

空間内の平面

x, y, z の 1 次式の零点全体は空間内の平面を表す．たとえば

1)　アメリカのある政治家は手のひらに政策を描き，それを用いて演説した．後にばれて大変な騒ぎになったという（2009 年）．

$$x+\frac{y}{2}+\frac{z}{3}=1$$

は 3 点 $(1,0,0)$, $(0,2,0)$, $(0,0,3)$ を通る平面を表す．

内積を使って書き直してみよう．空間のベクトル

$$\boldsymbol{u}=\begin{pmatrix}x\\y\\z\end{pmatrix},\quad \boldsymbol{a}=\begin{pmatrix}1\\\frac{1}{2}\\\frac{1}{3}\end{pmatrix} \tag{5.1}$$

を導入しその内積を求めると

$$x+\frac{y}{2}+\frac{z}{3}=\boldsymbol{a}\cdot\boldsymbol{u}$$

となるので，平面の方程式（5.1）は

$$\boldsymbol{a}\cdot\boldsymbol{u}=1$$

と簡単に書けてしまう．

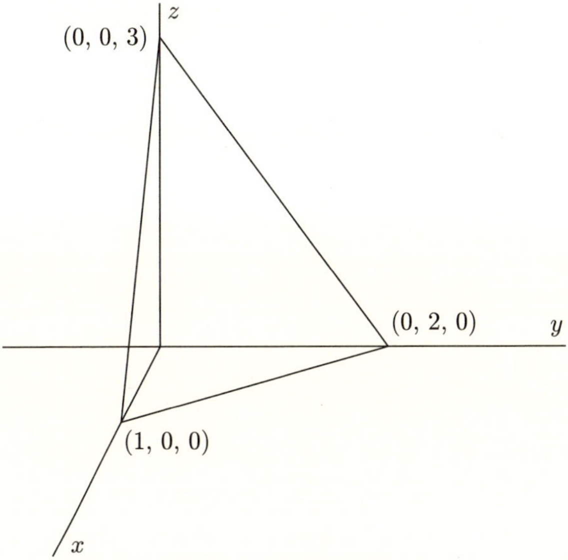

図 **5-2** 空間内の平面

一般に，$\mathbf{0}$ でないベクトル $\boldsymbol{a}$ と数 α により表された

$$\boldsymbol{a}\cdot\boldsymbol{u}=\alpha$$

は x, y, z の1次式なので，空間内の平面を表す方程式になる．

法線ベクトル

2点 $\mathrm{P}_1(x_1, y_1, z_1)$, $\mathrm{P}_2(x_2, y_2, z_2)$ が平面 $H:\boldsymbol{a}\cdot\boldsymbol{u}=\alpha$ に乗っているとき，$\boldsymbol{u}_1=\begin{pmatrix}x_1\\y_1\\z_1\end{pmatrix}, \boldsymbol{u}_2=\begin{pmatrix}x_2\\y_2\\z_2\end{pmatrix}$ とおくと $\overrightarrow{\mathrm{P}_1\mathrm{P}_2}=\boldsymbol{u}_2-\boldsymbol{u}_1$ になり，さらに

$$\boldsymbol{a}\cdot\boldsymbol{u}_1=\alpha,\quad \boldsymbol{a}\cdot\boldsymbol{u}_2=\alpha$$

を満たすので，

$$\boldsymbol{a}\cdot\overrightarrow{\mathrm{P}_1\mathrm{P}_2}=\boldsymbol{a}\cdot\boldsymbol{u}_2-\boldsymbol{a}\cdot\boldsymbol{u}_1=\alpha-\alpha=0$$

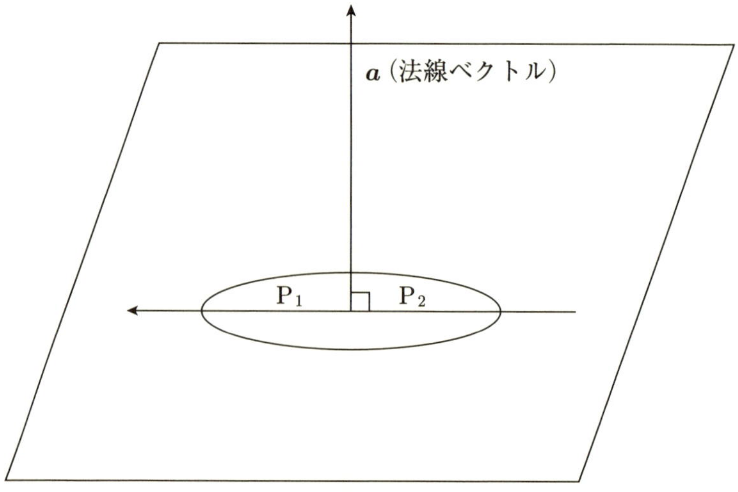

図 5-3

となる．すなわち，$\overrightarrow{\mathrm{P_1P_2}}$ と $\boldsymbol{a}$ は直交する．

このとき，$\boldsymbol{a}$ は平面 H と直交する，といい，$\boldsymbol{a}$ を平面 H の法線ベクトル (normal vector) という．

5.2 空間直線

空間内の直線を空間直線という．空間直線の場合は，平面のように単一の式で書けないので少し面倒であるが，ベクトルを使うと簡単に処理できる．

1 次独立なベクトル $\boldsymbol{a}, \boldsymbol{b}$ をそれぞれ法線ベクトルとする 2 つの平面 $H_1 : \boldsymbol{u} \cdot \boldsymbol{a} = \alpha$ と $H_2 : \boldsymbol{u} \cdot \boldsymbol{b} = \beta$ は，その共通部分集合 $H_1 \cap H_2$ として空間直線を定める．

$Q \in H_1 \cap H_2$ をとり，その座標 (x_0, y_0, z_0) の定める 3 次元列ベクトル を $\boldsymbol{u}_0$ とし，(x, y, z) を成分とする 3 次元列ベクトルを $\boldsymbol{u}$ とする．そこで $\boldsymbol{x} = \boldsymbol{u} - \boldsymbol{u}_0$ とおけば

$$\boldsymbol{x} \cdot \boldsymbol{a} = (\boldsymbol{u} - \boldsymbol{u}_0) \cdot \boldsymbol{a} = \boldsymbol{u} \cdot \boldsymbol{a} - \boldsymbol{u}_0 \cdot \boldsymbol{a} = \alpha - \alpha = 0$$

を満たす．同様に，$\boldsymbol{x} \cdot \boldsymbol{b} = 0$ も満たす．

すなわち，次式が導かれる．

- $\boldsymbol{x} \cdot \boldsymbol{a} = 0$,
- $\boldsymbol{x} \cdot \boldsymbol{b} = 0$.

命題 3.6 により，数 t を用いて

$$\boldsymbol{x} = t\boldsymbol{a} \times \boldsymbol{b}$$

と書き直せる．したがって

$$\boldsymbol{u} = \boldsymbol{u}_0 + t\boldsymbol{a} \times \boldsymbol{b}$$

となる．

一般に $\mathbf{0}$ でないベクトル $\boldsymbol{p}$ とベクトル $\boldsymbol{u}_0$，パラメータとして数 t を用いて表された

$$\boldsymbol{u} = \boldsymbol{u}_0 + t\boldsymbol{p}$$

を方向ベクトル (direction vector) $\boldsymbol{p}$ をもつ空間直線のベクトル方程式という．

$\mathbf{0}$ でない方向ベクトル $\boldsymbol{p}$ については，その絶対値で割ることにより $|\boldsymbol{p}| = 1$ を仮定することができる．このとき

- $\boldsymbol{p}$ と $\boldsymbol{e}_1$ とのなす角を α,
- $\boldsymbol{p}$ と $\boldsymbol{e}_2$ とのなす角を β,
- $\boldsymbol{p}$ と $\boldsymbol{e}_3$ とのなす角を γ

と角 (α, β, γ) を定義するとき，$\boldsymbol{p} = \begin{pmatrix} \cos\alpha \\ \cos\beta \\ \cos\gamma \end{pmatrix}$ と書けて，

$$\cos^2\alpha + \cos^2\beta + \cos^2\gamma = 1$$

を満たす．これら $(\cos\alpha, \cos\beta, \cos\gamma)$ を方向余弦という．

平面への距離

$\mathbf{0}$ でないベクトル $\boldsymbol{a}$ を法線ベクトルにもつ平面 $H : \boldsymbol{a} \cdot \boldsymbol{u} = \alpha$ に対して，この上に乗っていない点 $\mathrm{Q}(x_0, y_0, z_0)$ からの距離を求めよう．ただし，Q から平面 H への距離とは 平面 H 上の点 P (x, y, z) から Q への距離 $r = \sqrt{(x - x_0)^2 + (y - y_0)^2 + (z - z_0)^2}$ の中で最小のものとする．

$$\boldsymbol{u} = \begin{pmatrix} x \\ y \\ z \end{pmatrix}, \boldsymbol{u}_0 = \begin{pmatrix} x_0 \\ y_0 \\ z_0 \end{pmatrix}$$ とおくと，$r = |\boldsymbol{u} - \boldsymbol{u}_0|$.

さらに $\boldsymbol{a} \cdot \boldsymbol{u}_0 = \alpha_0$ により α_0 を定めよう.

$\boldsymbol{a} \cdot \boldsymbol{u} = \alpha$ なのでコーシー・シュワルツの不等式によれば

$$\begin{aligned} \alpha - \alpha_0 &= \boldsymbol{a} \cdot (\boldsymbol{u} - \boldsymbol{u}_0) \\ &\leqq |\boldsymbol{a}|\,|\boldsymbol{u} - \boldsymbol{u}_0| \\ &= |\boldsymbol{a}|\,r. \end{aligned}$$

これより

$$r \geqq \frac{|\alpha - \alpha_0|}{|\boldsymbol{a}|}.$$

ここで等号の成り立つときの r が平面への距離になり，

$$r = \frac{|\alpha - \alpha_0|}{|\boldsymbol{a}|}$$

と書けるが，このときコーシー・シュワルツの不等式により，$\boldsymbol{a}$ と $\boldsymbol{u} - \boldsymbol{u}_0$ とは平行である．一方，$\boldsymbol{a}$ は法線ベクトルなので，$\boldsymbol{u} -$

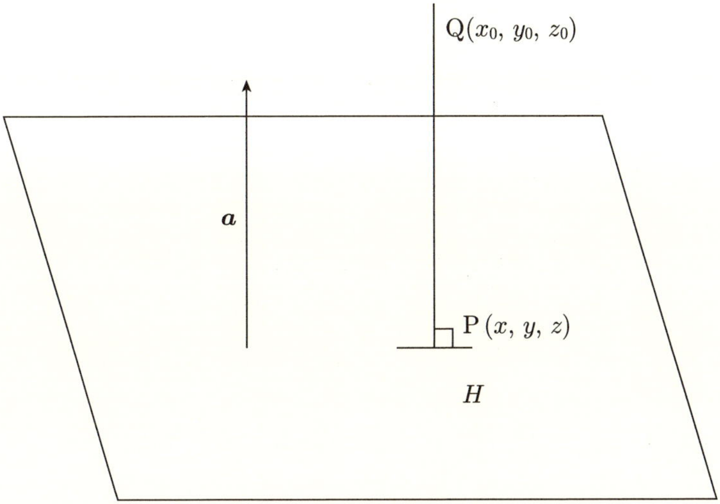

図 5-4 平面への最短距離

$\boldsymbol{u}_0 = \overrightarrow{\mathrm{QP}}$ は平面 H に直交していることがわかる．

ラグランジュの方法

平面への最短距離を求める問題はコーシー・シュワルツの不等式であっけなく解かれたのであるが，より直接的に多変数微分法の応用の1つであるラグランジュの方法を用いて解いてみよう．平面への最短距離は等式 $\boldsymbol{a} \cdot \boldsymbol{u} - \alpha = 0$ を満たす $\boldsymbol{u}$ に関して $r^2 = |\boldsymbol{u} - \boldsymbol{u}_0|^2$ の最小値を求めればよい．条件付きの極小値を求めるには，新しい変数 λ（ラグランジュの乗数）を導入し，関数

$$F(x, y, z, \lambda) = |\boldsymbol{u} - \boldsymbol{u}_0|^2 + \lambda(\boldsymbol{a} \cdot \boldsymbol{u} - \alpha) \tag{5.2}$$

を考え，これを x, y, z, λ の関数とみてその極値を求めればよいのである．極値は各変数についての偏微分の値が0になるところとして求まる．

ここで $\boldsymbol{a} = \begin{pmatrix} a \\ b \\ c \end{pmatrix}$ とおくと

$$\frac{\partial F(x, y, z, \lambda)}{\partial x} = 2(x - x_0) + \lambda a = 0,$$

$$\frac{\partial F(x, y, z, \lambda)}{\partial y} = 2(y - y_0) + \lambda b = 0,$$

$$\frac{\partial F(x, y, z, \lambda)}{\partial z} = 2(z - z_0) + \lambda c = 0,$$

$$\frac{\partial F(x, y, z, \lambda)}{\partial \lambda} = \boldsymbol{a} \cdot \boldsymbol{u} - \alpha = 0.$$

これより，

$$\boldsymbol{u}-\boldsymbol{u}_0=\begin{pmatrix}x-x_0\\y-y_0\\z-z_0\end{pmatrix}=-\begin{pmatrix}\frac{\lambda a}{2}\\\frac{\lambda b}{2}\\\frac{\lambda c}{2}\end{pmatrix}=-\frac{\lambda}{2}\boldsymbol{a} \qquad (5.3)$$

が導かれ，とくにベクトル $\boldsymbol{u}-\boldsymbol{u}_0$ と $\boldsymbol{a}$ は平行であることがわかる．

さらに，

$$\boldsymbol{a}\cdot\boldsymbol{u}=\alpha,\quad \boldsymbol{a}\cdot\boldsymbol{u}_0=\alpha_0 \qquad (5.4)$$

によれば

$$\boldsymbol{a}\cdot(\boldsymbol{u}-\boldsymbol{u}_0)=\alpha-\alpha_0.$$

よって，公式（5.3）によれば

$$\lambda\boldsymbol{a}^2=-2(\alpha-\alpha_0).$$

したがって，

$$\lambda=-\frac{2(\alpha-\alpha_0)}{\boldsymbol{a}^2}.$$

一方，公式（5.3）によれば

$$r^2=|\boldsymbol{u}-\boldsymbol{u}_0|^2=\frac{\lambda^2}{4}\boldsymbol{a}^2=\frac{|\alpha-\alpha_0|^2}{\boldsymbol{a}^2}.$$

ゆえに

$$r=\frac{|\alpha-\alpha_0|}{|\boldsymbol{a}|}.$$

成分で書き直せば，次の**最短距離の公式**が得られる．

$$r=\frac{|\alpha-\alpha_0|}{|\boldsymbol{a}|}=\frac{|ax_0+by_0+cz_0-\alpha|}{\sqrt{a^2+b^2+c^2}}.$$

さらに

$$\boldsymbol{u}=\boldsymbol{u}_0-\frac{\lambda\boldsymbol{a}}{2}=\boldsymbol{u}_0+\frac{(\alpha-\alpha_0)\boldsymbol{a}}{\boldsymbol{a}^2}.$$

5.3 惑星の運動

惑星の運動を解明する努力の中から微積分学が発展し万有引力の法則も発見されたことは周知のことであろう．万有引力の法則とは２天体（一般には，２物体）に働く重力は距離の２乗に反比例するというものである．

２天体の質量を m, M とし２天体間の距離を r とおくと，２天体に働く力は $\dfrac{mMG}{r^2}$ になる．ここで G は万有引力の定数である．以後計算を簡単にするため $m = 1$ とし $K = MG$ とおく．

さて大きい方の天体を原点とし，小天体を点Ｐと見てその空間座標を (x, y, z) とする．これは時間とともに変化するので x, y, z

図 5-5　ケプラー，Johannes Kepler：ドイツの天文学者，惑星運動の３法則の発見者，1571-1630．文献 [5] によると「理学者ケプラー，また学問進益のことをみずから語りて『予，このことをつとめて思察し得るところあるがごとしといえども，さらにまた思察せり．後にいたりては，ついにわが心の全力をここに注ぎ，深思熟察したり』といいしなり．」(p.163)

は 時間 t の関数になる．これらは微分可能な関数としておく．

$\boldsymbol{u} = \begin{pmatrix} x \\ y \\ z \end{pmatrix}$ とおくと，$\boldsymbol{u}$ は時刻 t での P の位置を表すベクトルであり，これを t で微分して速度ベクトル $\boldsymbol{u}'$ と加速度ベクトル $\boldsymbol{u}''$ が得られる．

速度と質量をかけると運動量になるが，ここでは小天体の質量を 1 としたので速度ベクトル $\boldsymbol{u}'$ は運動量ベクトルと思ってよい．

$\boldsymbol{u}^2$ は距離 $r = |\boldsymbol{u}|$ の 2 乗であり，P に働く引力 $\dfrac{K}{r^2}$ の $\dfrac{x}{r}$ 倍が引力の x 成分なので運動方程式は次の形になる（引力なので原点に向かう力は負の力）．この節では坪井 [2]，山本 [4] を参考にした．

$$\boldsymbol{u}'' = -\frac{K}{r^2}\frac{\boldsymbol{u}}{r} = -\frac{K\boldsymbol{u}}{r^3}. \tag{5.5}$$

エネルギーの保存

小天体 P のエネルギー E は次のように定義され

$$E = \frac{\boldsymbol{u}'^2}{2} - \frac{K}{r},$$

角運動量 $\boldsymbol{L}$ (angular momentum) は次のようにベクトル積で定義される：

$$\boldsymbol{L} = \frac{\boldsymbol{u} \times \boldsymbol{u}'}{2}.$$

さて，エネルギーと角運動量は保存量であること，すなわち時間によらないことを次に証明しよう．それには t で微分して 0 になることを確認すればよい．

はじめに $r^2 = \boldsymbol{u} \cdot \boldsymbol{u}$ を t で微分すると $rr' = \boldsymbol{u} \cdot \boldsymbol{u}'$.

よって，

$$r' = \frac{\boldsymbol{u} \cdot \boldsymbol{u}'}{r}.$$

これより，

$$\left(\frac{K}{r}\right)' = -\frac{1}{r^2}\frac{K\boldsymbol{u} \cdot \boldsymbol{u}'}{r} = -K\frac{\boldsymbol{u} \cdot \boldsymbol{u}'}{r^3}.$$

したがって

$$\begin{aligned} E' &= \boldsymbol{u}' \cdot \boldsymbol{u}'' - \left(\frac{K}{r}\right)' \\ &= -\boldsymbol{u}' \cdot \frac{K\boldsymbol{u}}{r^3} + \frac{K\boldsymbol{u} \cdot \boldsymbol{u}'}{r^3} \\ &= 0. \end{aligned}$$

角運動量 $\boldsymbol{L}$ を微分すると，$\boldsymbol{u}' \times \boldsymbol{u}' = \boldsymbol{u} \times \boldsymbol{u} = \boldsymbol{0}$ を用いて

$$\begin{aligned} \boldsymbol{L}' &= \left(\frac{\boldsymbol{u} \times \boldsymbol{u}'}{2}\right)' \\ &= \frac{\boldsymbol{u}' \times \boldsymbol{u}'}{2} + \frac{\boldsymbol{u} \times \boldsymbol{u}''}{2} \\ &= -\frac{\boldsymbol{u} \times K\boldsymbol{u}}{2r^3} = \boldsymbol{0} \end{aligned}$$

となる．

したがって，角運動量 $\boldsymbol{L}$ は時間によらないので，あらためて定数ベクトル $\boldsymbol{h}$ とおく．すると

$$\boldsymbol{h} \cdot \boldsymbol{u} = \frac{\boldsymbol{u} \times \boldsymbol{u}'}{2} \cdot \boldsymbol{u} = 0$$

を満たす．これは原点を通る平面 $\boldsymbol{h} \cdot \boldsymbol{u} = 0$ の中でPが運動することを意味する．

ところで，角運動量は位置を与えるベクトル $\boldsymbol{u}$ とその速度ベクトル $\boldsymbol{u}'$ のベクトル積の半分なので，その大きさは位置とPの速度の作る平行四辺形の面積の半分である．これは**面積速度一定**を意味し，惑星運動についてのケプラーの第2法則である．

軌道は 2 次曲線

最初にベクトル値関数 $\dfrac{\boldsymbol{u}}{r}$ を微分する：

$$\begin{aligned}\left(\frac{\boldsymbol{u}}{r}\right)' &= \frac{\boldsymbol{u}'}{r} - \left(\frac{\boldsymbol{u}}{r^2}\right) r' \\ &= \frac{\boldsymbol{u}'}{r} - \left(\frac{\boldsymbol{u}\cdot\boldsymbol{u}'}{r^3}\right)\boldsymbol{u}.\end{aligned}$$

ラグランジュの公式を使うと

$$\begin{aligned}2\boldsymbol{h}\times\frac{\boldsymbol{u}}{r^3} &= (\boldsymbol{u}\times\boldsymbol{u}')\times\frac{\boldsymbol{u}}{r^3} \\ &= \frac{\boldsymbol{u}^2}{r^3}\boldsymbol{u}' - \left(\frac{\boldsymbol{u}\cdot\boldsymbol{u}'}{r^3}\right)\boldsymbol{u} \\ &= \frac{\boldsymbol{u}'}{r} - \left(\frac{\boldsymbol{u}\cdot\boldsymbol{u}'}{r^3}\right)\boldsymbol{u}.\end{aligned}$$

したがって

$$\left(\frac{\boldsymbol{u}}{r}\right)' = 2\boldsymbol{h}\times\frac{\boldsymbol{u}}{r^3}. \tag{5.6}$$

さらに，式 (5.5) と (5.6) に注意すると

$$\begin{aligned}(2\boldsymbol{h}\times\boldsymbol{u}')' &= 2\boldsymbol{h}\times\boldsymbol{u}'' \\ &= -2\boldsymbol{h}\times\frac{K\boldsymbol{u}}{r^3} \\ &= -2K\boldsymbol{h}\times\frac{\boldsymbol{u}}{r^3} \\ &= -K\left(\frac{\boldsymbol{u}}{r}\right)'\end{aligned}$$

なので

$$\left(\frac{\boldsymbol{u}}{r}\right)' = -\frac{1}{K}(2\boldsymbol{h}\times\boldsymbol{u}')'.$$

よって

$$\left(\frac{\boldsymbol{u}}{r} + \frac{1}{K}(2\boldsymbol{h}\times\boldsymbol{u}')\right)' = 0.$$

だから

$$\frac{\boldsymbol{u}}{r} + \frac{1}{K}(2\boldsymbol{h} \times \boldsymbol{u}')$$

は定数ベクトルになる．そこでこれを $\boldsymbol{e}$ とおくと

$$\frac{\boldsymbol{u}}{r} + \frac{1}{K}(2\boldsymbol{h} \times \boldsymbol{u}') = \boldsymbol{e}.$$

$\boldsymbol{u}$ との内積をとると，$\dfrac{\boldsymbol{u}}{r} \cdot \boldsymbol{u} = r$ によって

$$r + \frac{1}{K}(2\boldsymbol{h} \times \boldsymbol{u}') \cdot \boldsymbol{u} = \boldsymbol{e} \cdot \boldsymbol{u}$$

と書ける．一方

$$(2\boldsymbol{h} \times \boldsymbol{u}') \cdot \boldsymbol{u} = ((\boldsymbol{u} \times \boldsymbol{u}') \times \boldsymbol{u}') \cdot \boldsymbol{u} = -|\boldsymbol{u} \times \boldsymbol{u}'|^2 = -|2\boldsymbol{h}|^2$$

は定数なので α とおけば

$$r = \sqrt{x^2 + y^2 + z^2} = -\frac{\alpha}{K} + \boldsymbol{e} \cdot \boldsymbol{u}.$$

これから，$\mathrm{P}(x, y, z)$ の軌跡は 2 次式となることがわかる．しかしすでに，P は平面内の運動であることが示されているので，P の軌跡は 2 次曲線になることが証明されたのである．したがって，無限に遠くに行かない限り P の軌道は楕円になることが示された．これがケプラーの惑星運動に関する第 1 法則である．

内積とベクトル積，微分計算がうまく関係し合って 2 体問題が解けたのである．しかし，これらの結果を最初に得たのはニュートンであり，ベクトル，内積，外積などの数学の道具が未整備の時代に彼は独力で成し遂げたのである．真に時代を超越した大業績であった．

第 6 章

2 次形式と曲面

高校の数学 I，II で習ったことを基礎に主要部が x, y, z について の 2 次形式を調べる．このような研究は行列論の主要な課題の 1 つである．

6.1　2次曲線の式

単位円は $x^2+y^2-1=0$ として x,y の2次式で定義される．一般に x,y の2次式で定義される曲線を**2次曲線**といい，円錐曲線 (conic) ともいう．2次曲線の定義式は

$$ax^2+2hxy+by^2+2fx+2gy+c$$

である．これを行列とベクトルを使って簡潔に表そう．

$$A=\begin{pmatrix} a & h \\ h & b \end{pmatrix},\ \boldsymbol{b}=\begin{pmatrix} f \\ g \end{pmatrix},\ \boldsymbol{u}=\begin{pmatrix} x \\ y \end{pmatrix}$$

とおけば

$$A\boldsymbol{u}=\begin{pmatrix} a & h \\ h & b \end{pmatrix}\begin{pmatrix} x \\ y \end{pmatrix}=\begin{pmatrix} ax+hy \\ hx+by \end{pmatrix}$$

となり，さらに内積を考えると

$$A\boldsymbol{u}\cdot\boldsymbol{u}=(ax+hy)x+(hx+by)y=ax^2+2hxy+by^2.$$

一方，

$$\boldsymbol{b}\cdot\boldsymbol{u}=fx+gy.$$

したがって，2次曲線の定義式の一般の形は

$$A\boldsymbol{u}\cdot\boldsymbol{u}+2\boldsymbol{b}\cdot\boldsymbol{u}+c$$

と簡単に書ける．

6.2 2次曲面の式

単位球面 は $x^2+y^2+z^2-1=0$ で定義される．また $x^2+\dfrac{y^2}{4}+\dfrac{z^2}{2}-4=0$ は楕円体の表面である楕円面を表し，これは x,y,z の 2 次式で定義されるので 2 次曲面の一例である．

x,y,z の 2 次式を一般に書くと次のようになる．

$$ax^2+by^2+cz^2+2fxy+2gxz+2hyz+2kx+2ly+2mz+p.$$

これは複雑であるが行列とベクトルを使えばもっと簡単になる．

$$A=\begin{pmatrix} a & f & g \\ f & b & h \\ g & h & c \end{pmatrix},\quad \boldsymbol{b}=\begin{pmatrix} k \\ l \\ m \end{pmatrix},\quad \boldsymbol{u}=\begin{pmatrix} x \\ y \\ z \end{pmatrix}$$

とおくと

$$A\boldsymbol{u}\cdot\boldsymbol{u}+2\boldsymbol{b}\cdot\boldsymbol{u}+p \tag{6.1}$$

と書ける．ここで A は 3 次の実行列でしかも対称行列である．

これを x,y,z についての 2 次式の一般形といい，2 次の同次式 $A\boldsymbol{u}\cdot\boldsymbol{u}$ をその主要部という．

主要部を x,y,z についての **2 次形式** (quadratic form) ともいう．2 次形式を研究することは行列論の主要な課題の 1 つである．

6.3 行列の固有値

n 次の正方行列 A に対し，複素数 λ に対して $\mathbf{0}$ でないベクトル $\boldsymbol{x}$ があって $A\boldsymbol{x}=\lambda\boldsymbol{x}$ を満たすとき λ を行列 A の**固有値** (eigenvalue) という．

ベクトル $\boldsymbol{x}$ を固有値 λ に対応した行列 A の**固有ベクトル**(eigenvector) という．このとき，

$$A\boldsymbol{x} - \lambda\boldsymbol{x} = (A - \lambda E)\boldsymbol{x} = \boldsymbol{0}$$

を満たすので，$A - \lambda E$ は逆行列をもたない．

したがって，その行列式は 0，言い換えれば $\det(A - \lambda E) = 0$.

$\varphi_A(t) = \det(tE - A) = t^n - \cdots$ は n 次の多項式である．これを行列 A の**固有多項式** (characteristic polynomial) という．固有値 λ は固有多項式 $\varphi_A(t)$ の根である．

$\varphi_A(t) = 0$ は n 次の方程式なので代数学の基本定理[1)]により，n 個の複素根をもつ．

逆に，固有多項式の根 λ は $\varphi_A(\lambda) = 0$ を満たすので $\det(A - \lambda E) = 0$ であり，このとき $\boldsymbol{0}$ でない複素ベクトル $\boldsymbol{x}$ があって $(A - \lambda E)\boldsymbol{x} = \boldsymbol{0}$ を満たす．

$\boldsymbol{x}$ は λ に対応した行列 A の固有ベクトルになる．

実数のみを考えているなら固有値も存在しないかもしれない．行列に固有値がなければ行列の研究は全く進まない．このことを考えても複素数を導入することには大きな意義があることがわかるであろう．

定理 6.1

実対称 n 次行列 A の固有値 λ は実数である．

［証明］　$\boldsymbol{x}$ を λ に対応した行列 A の固有ベクトルとする．

ベクトル $A\boldsymbol{x} = \lambda\boldsymbol{x}$ の共役を考えると $\overline{A\boldsymbol{x}} = \overline{\lambda\boldsymbol{x}}$.

1)　ガウス（1777-1855）によって証明された．

A は実行列なので $\overline{A} = A$ であり

$$\overline{A\boldsymbol{x}} = A\overline{\boldsymbol{x}}, \quad \overline{\lambda\boldsymbol{x}} = \overline{\lambda}\overline{\boldsymbol{x}}.$$

したがって，

$$A\overline{\boldsymbol{x}} = \overline{\lambda}\overline{\boldsymbol{x}}. \tag{6.2}$$

ところで

$$A\boldsymbol{x}\cdot\overline{\boldsymbol{x}} = \lambda\boldsymbol{x}\cdot\overline{\boldsymbol{x}} = \lambda|\boldsymbol{x}|^2,$$
$$A\boldsymbol{x}\cdot\overline{\boldsymbol{x}} = \boldsymbol{x}\cdot A\overline{\boldsymbol{x}} = \boldsymbol{x}\cdot\overline{\lambda}\overline{\boldsymbol{x}} = \overline{\lambda}|\boldsymbol{x}|^2.$$

よって，

$$\lambda|\boldsymbol{x}|^2 = \overline{\lambda}|\boldsymbol{x}|^2.$$

$(\lambda - \overline{\lambda})|\boldsymbol{x}|^2 = 0$ より $\lambda - \overline{\lambda} = 0$. したがって，$\lambda = \overline{\lambda}$ になり，λ は実数.

主軸定理

実対称行列 A の固有値を 1 つとり λ_1 とする．定理 6.1 によりこれは実数なので，対応した行列の固有ベクトルも実ベクトルとしてよく，$\boldsymbol{x}_1$ とする．$\boldsymbol{u}_1 = \dfrac{\boldsymbol{x}_1}{|\boldsymbol{x}_1|}$ とおけばこれは単位ベクトルで，やはり

$$A\boldsymbol{u}_1 = \lambda_1\boldsymbol{u}_1 \tag{6.3}$$

を満たす．ところで，n 次実ベクトル全体は n 次元の実ベクトル空間になるのでこれを V と書く．

$$W = \{\boldsymbol{v}\in V \mid \boldsymbol{v}\cdot\boldsymbol{u}_1 = 0\}$$

とおくと，これもベクトル空間になる．この次元が $n-1$ になることを次に証明しよう．

$\boldsymbol{u}_1$ のスカラー倍全体は1次元のベクトル空間 W_1 になり，次の2性質を満たす．

- $W \cap W_1 = \{\boldsymbol{0}\}$,
- $W + W_1 = V$.

まず，最初の性質を確かめる．

$\boldsymbol{w} \in W \cap W_1$ は $\boldsymbol{w} = c\boldsymbol{u}_1$ かつ $c\boldsymbol{u}_1 \cdot \boldsymbol{u}_1 = c|\boldsymbol{u}_1|^2 = 0$ を満たす．よって $c = 0$. したがって $\boldsymbol{w} = \boldsymbol{0}$.

次に任意の $\boldsymbol{v} \in V$ に対して

$$\boldsymbol{v} = \alpha \boldsymbol{u}_1 + \boldsymbol{w},\ (\boldsymbol{w} \in W)$$

となるように分解したい．そこで分解したとして $\boldsymbol{u}_1$ との内積を求めると

$$\boldsymbol{v} \cdot \boldsymbol{u}_1 = \alpha \boldsymbol{u}_1 \cdot \boldsymbol{u}_1 + \boldsymbol{w} \cdot \boldsymbol{u}_1 = \alpha + \boldsymbol{w} \cdot \boldsymbol{u}_1.$$

$\boldsymbol{w} \in W$ になるには $\boldsymbol{w} \cdot \boldsymbol{u}_1 = 0$ であることが必要十分条件である．

したがって，$\alpha = \boldsymbol{v} \cdot \boldsymbol{u}_1$ で α を定め，$\boldsymbol{w} = \boldsymbol{v} - \alpha \boldsymbol{u}_1$ とおけば，$\boldsymbol{w} \cdot \boldsymbol{u}_1 = \boldsymbol{v} \cdot \boldsymbol{u}_1 - \alpha = 0$ を満たすので $\boldsymbol{w} \in W$ になる．それゆえ $\boldsymbol{v} = \alpha \boldsymbol{u}_1 + \boldsymbol{w}, (\boldsymbol{w} \in W)$ となったから $V \subset W + W_1$. これより $V = W + W_1$.

ベクトル空間 W の次元を求めよう．次元公式から $W \cap W_1 = \{\boldsymbol{0}\}$ により

$$\dim W + \dim W_1 = \dim V,$$

$\dim W_1 = 1$ と $\dim V = n$ により，$\dim W = n - 1$.

次を示そう．

- $\boldsymbol{w} \in W$ のとき $A\boldsymbol{w} \in W$.

これは，次の計算からすぐわかる．

$$A\boldsymbol{w} \cdot \boldsymbol{u}_1 = \boldsymbol{w} \cdot A\boldsymbol{u}_1 = \boldsymbol{w} \cdot \lambda_1 \boldsymbol{u}_1 = \lambda_1 \boldsymbol{w} \cdot \boldsymbol{u}_1 = 0.$$

よって，$A\boldsymbol{w} \in W$.

W の基底は $n-1$ 個の 1 次独立なベクトルからなるので，これらを基底にとって，W での A の表現行列を求めると $n-1$ 次の実対称行列 A_1 になる．

A_1 について同様に議論し，さらに続けていけば実ベクトル $\boldsymbol{u}_1$, $\boldsymbol{u}_2, \cdots, \boldsymbol{u}_n$ と実数の組 $\lambda_1, \lambda_2, \cdots, \lambda_n$ がみつかり

$$|\boldsymbol{u}_1| = |\boldsymbol{u}_2| = \cdots = |\boldsymbol{u}_n| = 1,$$

$$\boldsymbol{u}_1 \cdot \boldsymbol{u}_2 = 0, \ \cdots, \ \boldsymbol{u}_{n-1} \cdot \boldsymbol{u}_n = 0,$$

を満たすことがわかる．したがって n 次行列

$$T = (\boldsymbol{u}_1 \quad \boldsymbol{u}_2 \quad \cdots \quad \boldsymbol{u}_n)$$

は，${}^tTT = E$ を満たすので T は直交行列になる．

かつ

$$A\boldsymbol{u}_1 = \lambda_1 \boldsymbol{u}_1, \ \cdots, \ A\boldsymbol{u}_n = \lambda_n \boldsymbol{u}_n.$$

$$AT = T \begin{pmatrix} \lambda_1 & 0 & \cdots & 0 \\ 0 & \lambda_2 & \cdots & 0 \\ 0 & 0 & \cdots & 0 \\ & & \cdots & \\ 0 & 0 & \cdots & \lambda_n \end{pmatrix}$$

を満たす．よって $T^{-1}AT$ は対角行列になるのである．かくして次

の結果（主軸定理）が得られた．

定理 6.2

A が実対称行列ならば，実直交行列 T があって $T^{-1}AT$ が対角行列 D になる．

対角行列 D には A の固有値がすべて並ぶ．

正定値行列

A の固有値がすべて正になる実対称行列を正定値行列という．

実数には符号があるが，複素数には符号がない．また行列にも符号はないのだが，正定値行列は，正の実数と類似した性質をもっている．

たとえば，A が正定値行列なら $\boldsymbol{x}$ に対して内積 $A\boldsymbol{x}\cdot\boldsymbol{x}$ は非負であり，これが 0 なら $\boldsymbol{x}=\boldsymbol{0}$．

これを示すには主軸定理を使う．$\boldsymbol{y}=T^{-1}\boldsymbol{x}$ とおくと

$$\begin{aligned} A\boldsymbol{x}\cdot\boldsymbol{x} &= AT\boldsymbol{y}\cdot T\boldsymbol{y} \\ &= {}^tTAT\boldsymbol{y}\cdot\boldsymbol{y} \\ &= D\boldsymbol{y}\cdot\boldsymbol{y} \\ &= \lambda_1 y_1^2+\lambda_2 y_2^2+\cdots+\lambda_n y_n^2 \geqq 0. \end{aligned}$$

$A\boldsymbol{x}\cdot\boldsymbol{x}=0$ とすると $y_1=y_2=\cdots=y_n=0$ になるので $\boldsymbol{x}=\boldsymbol{0}$．

6.4　2次式の最小値

$a>0$ のとき2次式 $f(x)=ax^2+2bx+c$ の最小値を求めること

は高校の数学 I，II の問題であり，周知のことではあるが，ここでは次のように組織的に考えてみよう．

後で決定するパラメータをとりあえず α とおき，$x = y + \alpha$ として変数 x を別の変数 y に置き換える．

$$
\begin{aligned}
f(x) = f(y+\alpha) &= a(y+\alpha)^2 + 2b(y+\alpha) + c \\
&= ay^2 + 2ay\alpha + 2by + a\alpha^2 + 2b\alpha + c \\
&= ay^2 + 2(a\alpha + b)y + a\alpha^2 + 2b\alpha + c.
\end{aligned}
$$

ここで $a\alpha + b = 0$ を満たすように α を定める．すなわち，$\alpha = \dfrac{-b}{a}$ とおくと

$$
f(x) = ay^2 + a\alpha^2 + 2b\alpha + c.
$$

一方，

$$
\begin{aligned}
a\alpha^2 + 2b\alpha + c &= (a\alpha + 2b)\alpha + c \\
&= (a\alpha + b + b)\alpha + c \\
&= b\alpha + c \\
&= \frac{-b^2}{a} + c \\
&= \frac{ac - b^2}{a}.
\end{aligned}
$$

すなわち D を $f(x)$ の判別式とすると $D = 4b^2 - 4ac$ であり，

$$
f(x) = ay^2 + a\alpha^2 + 2b\alpha + c = ay^2 - \frac{D}{4ac} \geqq \frac{-D}{4ac}.
$$

よって $y = 0$ のとき $f(x)$ は最小値 $\dfrac{-D}{4ac}$ をもつ．ここで判別式が負，すなわち $D < 0$ なら最小値が正なのだから，つねに $f(x) > 0$. よって，$f(x) = 0$ は実根をもたない．

以上は高校数学の復習であった．

2次形式の最小値

A は3次の実対称行列で，さらにその固有値はみな正とする．このとき A は正定値行列になることを思い出しておこう．

さて図形的にみると $A\boldsymbol{u}\cdot\boldsymbol{u}-1=0$ は楕円面を定めている．

問題はこの仮定のもとで2次式

$$f(\boldsymbol{u}) = A\boldsymbol{u}\cdot\boldsymbol{u} + 2\boldsymbol{b}\cdot\boldsymbol{u} + p$$

の最小値を求めることである．2次式 $f(x)=ax^2+2bx+c$ の最小値を求める方法を手本にして考えてみよう．

後で決定するベクトルをとりあえず $\boldsymbol{q}$ とおき，$\boldsymbol{u}=\boldsymbol{y}+\boldsymbol{q}$ として変数ベクトル $\boldsymbol{u}$ を変数ベクトル $\boldsymbol{y}$ に置き換えると

$$\begin{aligned} f(\boldsymbol{u}) &= f(\boldsymbol{y}+\boldsymbol{q}) \\ &= A(\boldsymbol{y}+\boldsymbol{q})\cdot(\boldsymbol{y}+\boldsymbol{q}) + 2\boldsymbol{b}\cdot(\boldsymbol{y}+\boldsymbol{q}) + p \\ &= A\boldsymbol{y}\cdot\boldsymbol{y} + 2(A\boldsymbol{q}+\boldsymbol{b})\cdot\boldsymbol{y} + A\boldsymbol{q}\cdot\boldsymbol{q} + 2\boldsymbol{b}\cdot\boldsymbol{q} + p. \end{aligned}$$

ここで $A\boldsymbol{q}+\boldsymbol{b}=\boldsymbol{0}$ を満たすように $\boldsymbol{q}$ を定める．すなわち，A には逆行列があるので $\boldsymbol{q}=-A^{-1}\boldsymbol{b}$ とおくと $A\boldsymbol{q}+\boldsymbol{b}=\boldsymbol{0}$,

$$f(\boldsymbol{u}) = A\boldsymbol{y}\cdot\boldsymbol{y} + A\boldsymbol{q}\cdot\boldsymbol{q} + 2\boldsymbol{b}\cdot\boldsymbol{q} + p.$$

一方，

$$\begin{aligned} A\boldsymbol{q}\cdot\boldsymbol{q} + 2\boldsymbol{b}\cdot\boldsymbol{q} + p &= (A\boldsymbol{q}+2\boldsymbol{b})\cdot\boldsymbol{q} + p \\ &= \boldsymbol{b}\cdot\boldsymbol{q} + p \\ &= -A^{-1}\boldsymbol{b}\cdot\boldsymbol{b} + p. \end{aligned}$$

すなわち

$$f(\boldsymbol{u}) = A\boldsymbol{y}\cdot\boldsymbol{y} - A^{-1}\boldsymbol{b}\cdot\boldsymbol{b} + p \geqq -A^{-1}\boldsymbol{b}\cdot\boldsymbol{b} + p.$$

A は固有値がすべて正の実対称行列なので，$A\boldsymbol{y}\cdot\boldsymbol{y}\geqq 0$．これより

$$f(\boldsymbol{u}) \geqq -A^{-1}\boldsymbol{b}\cdot\boldsymbol{b}+p.$$

よって $\boldsymbol{y}=\boldsymbol{0}$ のとき，言い換えれば $\boldsymbol{u}=\boldsymbol{q}=-A^{-1}\boldsymbol{b}$ のとき $f(\boldsymbol{u})$ は最小値 $-A^{-1}\boldsymbol{b}\cdot\boldsymbol{b}+p$ をもつ．

2 次式のとき最小値は $-\dfrac{b^2}{a}+c$ であった．正の数 a が正定値行列 A に替わり $\dfrac{b^2}{a}$ が $A^{-1}\boldsymbol{b}\cdot\boldsymbol{b}$ に変化したのである．

6.5　2 次曲面

2 次曲面の定義式の主要部に主軸定理を用いると，直交変換の後に主要部を $ax^2+by^2+cz^2$ とすることができる．

$a \neq 0$ なら

$$ax^2+2kx=a\left(x+\frac{k}{a}\right)^2-\frac{k^2}{a}$$

となるので，$x'=x+\dfrac{k}{a}$ とおけば x の関係した項は ax'^2 とまとめられる．

$abc \neq 0$ なら適当な直交変換と平行移動の後に定義式を

$$ax^2+by^2+cz^2+p=0$$

の形にできる．

$p \neq 0$ なら $-p$ で両辺を割っておけば，

$$ax^2+by^2+cz^2=1 \tag{6.4}$$

の形となる．

これによって定義される 2 次曲面は $a,b,c>0$ なら楕円面，どれか 1 つが負なら 1 葉双曲面，2 つが負なら 2 葉双曲面である．

次に2次曲面をコンピュータで描いた図を紹介する．使用ソフトウェアは埼玉大学の戸野恵太氏[2)]によって作られた isurface であ

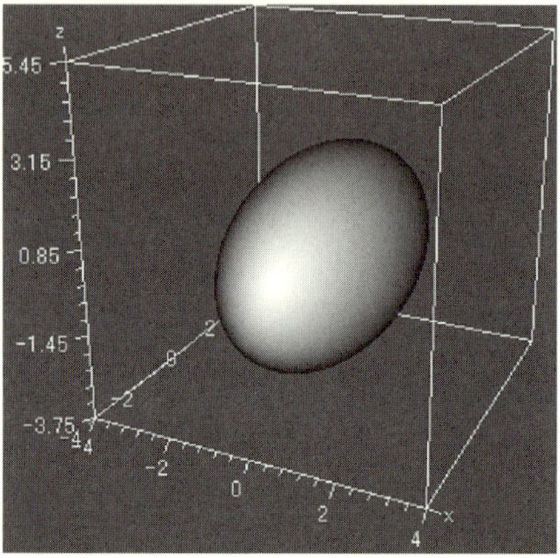

図 **6-1**　$x^2+\dfrac{y^2}{4}+\dfrac{z^2}{2}=4$

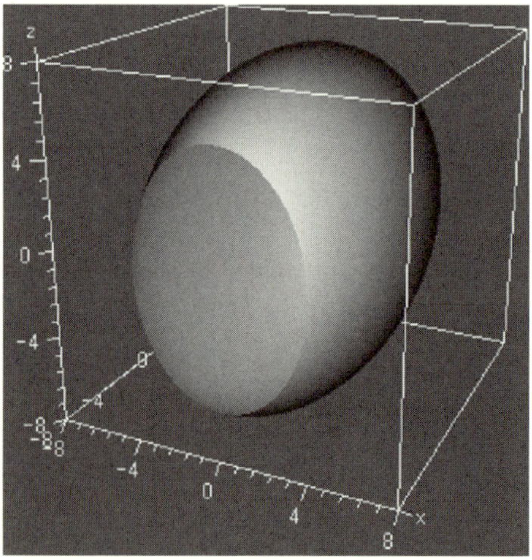

図 **6-2**　$x^2+\dfrac{y^2}{4}+\dfrac{z^2}{2}=30$（切り口に楕円が見える）

2）`http://www.rimath.saitama-u.ac.jp/lab.jp/fsakai/tono.html`

る．これによって描かれた図は金属モデルを連想させる質感をもっており，その美しさは他に類を見ない．ソフトの使用を許可してくれた戸野氏に深甚なる謝意を表したい．

1 葉双曲面の図

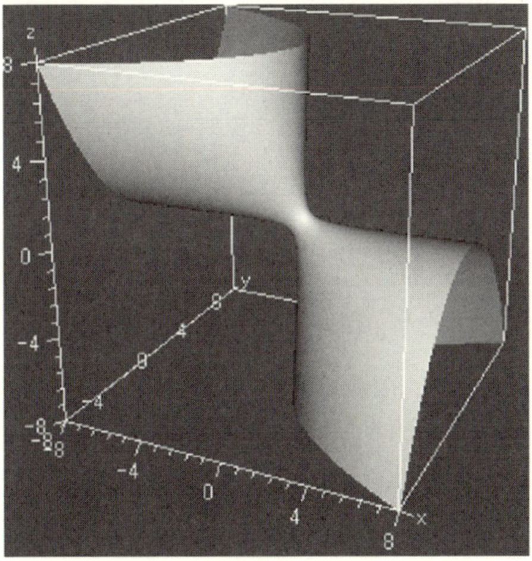

図 **6-3**　$y^2 + zx = \dfrac{1}{4}$

次の式

- $x = \dfrac{1}{\sqrt{2}}(x' + z')$,
- $z = \dfrac{1}{\sqrt{2}}(x' - z')$

で直交変換すると

$$zx = \frac{1}{2}({x'}^2 - {z'}^2)$$

より

$$y^2 + \frac{1}{2}({x'}^2 - {z'}^2) = \frac{1}{4}.$$

2 葉双曲面の図

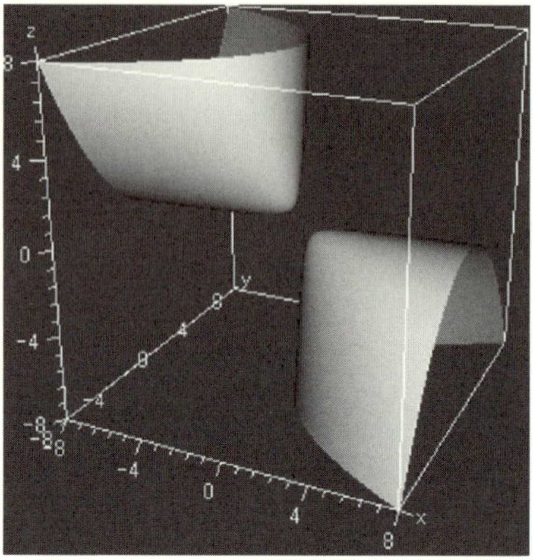

図 **6-4**　$-y^2 + zx = \dfrac{1}{4}$

円錐面の図

$abc \neq 0$, $p = 0$ すなわち，$ax^2 + by^2 + cz^2 = 0$ の場合を考えよう．

$a > 0$, $b > 0$, $c > 0$ なら，この 2 次式の定める図形は原点だけである．式は複雑でも図形としては意味がなくなる．

$a > 0$, $b > 0$, $c < 0$ のときは楕円錐面になる．

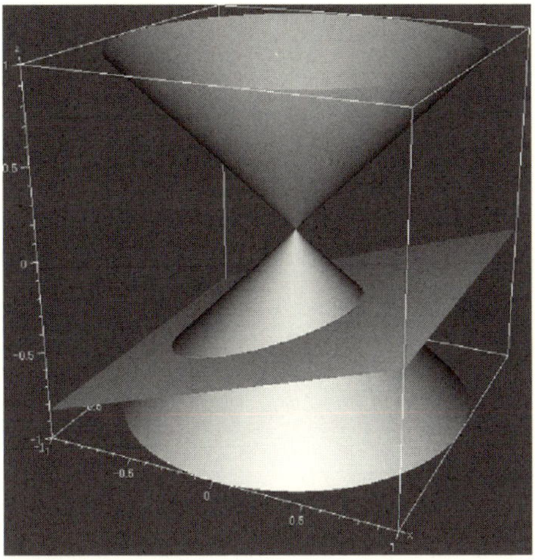

図 **6-5**　$x^2+y^2-z^2=0$ and $z-\dfrac{x}{3}+\dfrac{1}{2}=0$
(円錐の切り口に楕円が見える)

馬の鞍曲面の図

主要部が ax^2+by^2 の例を 1 つ挙げよう.

$-x^2+y^2+z=0$ は馬の鞍のような図を与えているのがわかる.

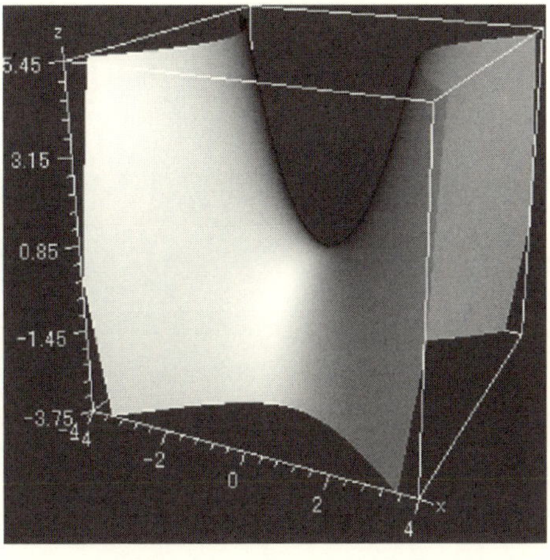

図 **6-6**　$-x^2+y^2+z=0$

楕円放物面の図

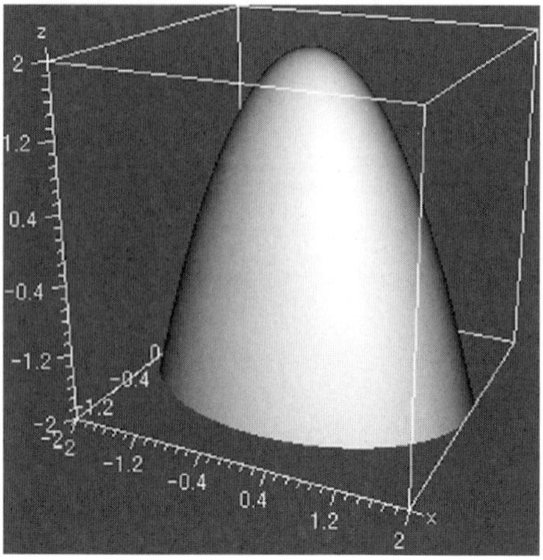

図 **6-7**　楕円放物面; $x^2 + 2y^2 + z = 2$

第 7 章

外積代数

3 次元の場合にはベクトル積が重要な役を演じ，空間図形の研究など応用できるのはこれまでみた通りである．4 次元以上の場合には同じようなベクトル積は定義できない．しかし，ベクトルの積とやや似た性質の外積（exterior product）は定義できる．しかもその場合は外積ベクトルがもとのベクトル空間には属さず，別のベクトル空間に属するものとなってしまう．しかし，この外積は優れた性質をもち有効かつ便利で，とくに行列式の理論展開に使いやすい．

7.1　もう1つの外積

V を n 次元の実ベクトル空間とする．その基底を1つとり $\{\boldsymbol{u}_1, \boldsymbol{u}_2, \cdots, \boldsymbol{u}_n\}$ とする．

V のベクトル $\boldsymbol{u}, \boldsymbol{v}$ に対してその外積 (exterior product) $\boldsymbol{u} \wedge \boldsymbol{v}$ が定義され，次の性質を満たす．

分配法則

- $\boldsymbol{u} \wedge (\boldsymbol{v} + \boldsymbol{w}) = \boldsymbol{u} \wedge \boldsymbol{v} + \boldsymbol{u} \wedge \boldsymbol{w}$,
- $(\boldsymbol{u} + \boldsymbol{v}) \wedge \boldsymbol{w} = \boldsymbol{u} \wedge \boldsymbol{w} + \boldsymbol{v} \wedge \boldsymbol{w}$

が成り立つ．スカラー倍との結合法則

- $k\boldsymbol{u} \wedge \boldsymbol{v} = \boldsymbol{u} \wedge k\boldsymbol{v} = k(\boldsymbol{u} \wedge \boldsymbol{v})$

も成り立つ．

両者を併せれば k_1, k_2 を数として

- $\boldsymbol{u} \wedge (k_1\boldsymbol{v}_1 + k_2\boldsymbol{v}_2) = k_1\boldsymbol{u} \wedge \boldsymbol{v}_1 + k_2\boldsymbol{u} \wedge \boldsymbol{v}_2$,
- $(k_1\boldsymbol{v}_1 + k_2\boldsymbol{v}_2) \wedge \boldsymbol{u} = k_1\boldsymbol{v}_1 \wedge \boldsymbol{u} + k_2\boldsymbol{v}_2 \wedge \boldsymbol{u}$

が成り立つ．

反対称法則とよばれる次の関係も成り立つ．

- $\boldsymbol{u} \wedge \boldsymbol{v} = -\boldsymbol{v} \wedge \boldsymbol{u}$,

とくに $\boldsymbol{u} = \boldsymbol{v}$ とおけば

- $\boldsymbol{u} \wedge \boldsymbol{u} = \boldsymbol{0}$.

すなわち2乗すると $\boldsymbol{0}$ になる積なので，3次元のベクトル積のときと類似している．外積 $\boldsymbol{u} \wedge \boldsymbol{v}$ はもはや n 次元のベクトル空間 V の元ではなく，$\bigwedge^2 V$ と書かれる別のベクトル空間の元である．

V の基底 $\{\boldsymbol{u}_1, \boldsymbol{u}_2, \cdots, \boldsymbol{u}_n\}$ から2つずつ取り出して外積を作ると次のように ${}_nC_2$ 個できるが，

$$\boldsymbol{u}_1 \wedge \boldsymbol{u}_2,\ \ \boldsymbol{u}_1 \wedge \boldsymbol{u}_3,\ \ \cdots,\ \ \boldsymbol{u}_{n-1} \wedge \boldsymbol{u}_n$$

これらは 1 次独立という性質をもっているのである．

$\{\boldsymbol{u}_1, \boldsymbol{u}_2, \cdots, \boldsymbol{u}_n\}$ は基底であれば何でもいいのであるが，V を n 次元列ベクトルのベクトル空間とし，とくに基本ベクトルから作った基底 $\{\boldsymbol{e}_1, \boldsymbol{e}_2, \cdots, \boldsymbol{e}_n\}$ を考える．

$\boldsymbol{e}_1 \wedge \boldsymbol{e}_2$, $\boldsymbol{e}_1 \wedge \boldsymbol{e}_3, \cdots, \boldsymbol{e}_{n-1} \wedge \boldsymbol{e}_n$ を基底とした ${}_nC_2$ 次元のベクトル空間が $\bigwedge^2 V$ である．

実はこれらを繰り返すことができる．すなわち，$\boldsymbol{u}, \boldsymbol{v}, \boldsymbol{w} \in V$ が与えられたとき，$\boldsymbol{u} \wedge \boldsymbol{v}$ に対してさらに $\boldsymbol{w}$ との外積ができ，しかも，これらの外積については，結合法則が次のように成り立つ．

$$(\boldsymbol{u} \wedge \boldsymbol{v}) \wedge \boldsymbol{w} = \boldsymbol{u} \wedge (\boldsymbol{v} \wedge \boldsymbol{w}).$$

基底 $\{\boldsymbol{e}_1, \boldsymbol{e}_2, \cdots, \boldsymbol{e}_n\}$ から 3 つずつ取り出して外積を作ると次のように ${}_nC_3$ 個できるが，

$$\boldsymbol{e}_1 \wedge \boldsymbol{e}_2 \wedge \boldsymbol{e}_3,\ \boldsymbol{e}_1 \wedge \boldsymbol{e}_2 \wedge \boldsymbol{e}_4,\ \cdots,\ \boldsymbol{e}_{n-2} \wedge \boldsymbol{e}_{n-1} \wedge \boldsymbol{e}_n$$

これらは 1 次独立で，これらを基底とするベクトル空間として $\bigwedge^3 V$ が定義される．同様にして $\bigwedge^4 V, \cdots, \bigwedge^n V$ が定義される．

最後の $\bigwedge^n V$ の基底は 1 つのベクトル $\boldsymbol{e}_1 \wedge \boldsymbol{e}_2 \wedge \cdots \wedge \boldsymbol{e}_n$ からできている．

便宜上 $\bigwedge^1 V = V$, $\bigwedge^0 V = \mathbf{R}$ とおく．$\bigwedge^0 V$, $\bigwedge^1 V$, $\cdots$, $\bigwedge^{n-1} V$, $\bigwedge^n V$ は共通の元は $\mathbf{0}$ だけのベクトル空間であって，その次元は順に 1, ${}_nC_1$, ${}_nC_2$, $\cdots$ であり，これらを足すと

$$1 + {}_nC_1 + {}_nC_2 + \cdots + {}_nC_{n-1} + {}_nC_n = 2^n.$$

$\bigwedge^0 V + \bigwedge^1 V + \cdots + \bigwedge^{n-1} V + \bigwedge^n V$ を $\bigwedge^{\bullet} V$ と書く．これは 2^n 次元のベクトル空間で，外積を乗法とみると環になる．これをとくに外積代数，あるいは **Grassmann 代数** (Grassmann algebra) と

いう．この節に関しては秋月，鈴木 [1] 50 頁，定理 1 を参考にした．

次元 3 の場合

$n=3$ のとき

- $\boldsymbol{v}=a_1\boldsymbol{u}_1+a_2\boldsymbol{u}_2+a_3\boldsymbol{u}_3$,
- $\boldsymbol{w}=b_1\boldsymbol{u}_1+b_2\boldsymbol{u}_2+b_3\boldsymbol{u}_3$

について

$$\begin{aligned}\boldsymbol{v}\wedge\boldsymbol{w}&=(a_1\boldsymbol{u}_1+a_2\boldsymbol{u}_2+a_3\boldsymbol{u}_3)\wedge\boldsymbol{w}\\&=a_1\boldsymbol{u}_1\wedge\boldsymbol{w}+a_2\boldsymbol{u}_2\wedge\boldsymbol{w}+a_3\boldsymbol{u}_3\wedge\boldsymbol{w}\\&=(a_1b_2-a_2b_1)\boldsymbol{u}_1\wedge\boldsymbol{u}_2+(a_1b_3-a_3b_1)\boldsymbol{u}_1\wedge\boldsymbol{u}_3\\&\qquad+(a_2b_3-a_3b_b)\boldsymbol{u}_2\wedge\boldsymbol{u}_3\\&=(a_2b_3-a_3b_2)\boldsymbol{u}_2\wedge\boldsymbol{u}_3+(a_3b_1-a_1b_3)\boldsymbol{u}_3\wedge\boldsymbol{u}_1\\&\qquad+(a_1b_2-a_2b_1)\boldsymbol{u}_1\wedge\boldsymbol{u}_2.\end{aligned}$$

$\boldsymbol{v}\wedge\boldsymbol{w}$ の係数をみるとベクトル積 $\boldsymbol{v}\times\boldsymbol{w}$ の係数と同じである．そこで，さらに $\boldsymbol{q}=c_1\boldsymbol{u}_1+c_2\boldsymbol{u}_2+c_3\boldsymbol{u}_3$ を外積すると，

$$\boldsymbol{v}\wedge\boldsymbol{w}\wedge\boldsymbol{q}=\begin{vmatrix}\boldsymbol{v}&\boldsymbol{w}&\boldsymbol{q}\end{vmatrix}\boldsymbol{u}_1\wedge\boldsymbol{u}_2\wedge\boldsymbol{u}_3$$

が成り立つ．ここに行列式が出てきた．驚異と言わざるをえない．

次元が 4 の計算例

$n=4$ のとき $\boldsymbol{P}=\boldsymbol{u}_1\wedge\boldsymbol{u}_2+\boldsymbol{u}_3\wedge\boldsymbol{u}_4$ とおく．

$$\begin{aligned}\boldsymbol{P} \wedge \boldsymbol{P} &= \boldsymbol{P} \wedge (\boldsymbol{u}_1 \wedge \boldsymbol{u}_2 + \boldsymbol{u}_3 \wedge \boldsymbol{u}_4) \\ &= \boldsymbol{P} \wedge \boldsymbol{u}_1 \wedge \boldsymbol{u}_2 + \boldsymbol{P} \wedge \boldsymbol{u}_3 \wedge \boldsymbol{u}_4 \\ &= 2\boldsymbol{u}_1 \wedge \boldsymbol{u}_2 \wedge \boldsymbol{u}_3 \wedge \boldsymbol{u}_4 \neq \boldsymbol{0}.\end{aligned}$$

これからわかるように，V の元でないときは外積で 2 乗しても $\boldsymbol{0}$ にならないことがある．

行列式

3 次のベクトルの外積計算から行列式が出たが，n 次元の場合でも同じことが成り立つ．単に外積の規則に従って計算するだけで行列式の計算ができるのである．これはすごいことである．

一般に n 次行列 A の (i,j) 成分を a_{ij} とするとき，n 次のベクトル $\boldsymbol{u}_1, \cdots, \boldsymbol{u}_n$ を

$$\begin{aligned}\boldsymbol{u}_1 &= a_{11}\boldsymbol{e}_1 + a_{21}\boldsymbol{e}_2 + \cdots + a_{n1}\boldsymbol{e}_n, \\ \boldsymbol{u}_2 &= a_{12}\boldsymbol{e}_1 + a_{22}\boldsymbol{e}_2 + \cdots + a_{n2}\boldsymbol{e}_n, \\ &\vdots \\ \boldsymbol{u}_n &= a_{1n}\boldsymbol{e}_1 + a_{2n}\boldsymbol{e}_2 + \cdots + a_{nn}\boldsymbol{e}_n\end{aligned}$$

とおく．和記号を使って書けば

$$\boldsymbol{u}_j = \sum_{k=1}^{n} a_{kj}\boldsymbol{e}_k.$$

$\boldsymbol{u}_1, \boldsymbol{u}_2, \cdots, \boldsymbol{u}_n$ をこの順に外積すると $\boldsymbol{u}_1 \wedge \boldsymbol{u}_2 \wedge \cdots \wedge \boldsymbol{u}_n$ は $\boldsymbol{e}_1 \wedge \boldsymbol{e}_2 \wedge \cdots \wedge \boldsymbol{e}_n$ のスカラー倍になる．しかも，そのスカラーが行列式である．実際

$$\boldsymbol{u}_1 \wedge \boldsymbol{u}_2 \wedge \cdots \wedge \boldsymbol{u}_n = \det A\, \boldsymbol{e}_1 \wedge \boldsymbol{e}_2 \wedge \cdots \wedge \boldsymbol{e}_n.$$

行列式の乗法公式

n 次行列の行列式について乗法公式を外積を使って証明しよう．

最初に行列の積について復習する．行列 A の (i,j) 成分を a_{ij}，行列 B の (i,j) 成分を b_{ij}，$C = AB$ とおくとき，その (i,j) 成分を c_{ij} とすれば

$$c_{ij} = \sum_{k=1}^{n} a_{ik} b_{kj}.$$

そこで

$$\boldsymbol{u}_j = \sum_{k=1}^{n} a_{kj} \boldsymbol{e}_k, \quad \boldsymbol{w}_j = \sum_{k=1}^{n} b_{kj} \boldsymbol{u}_k \tag{7.1}$$

によれば

$$\boldsymbol{w}_j = \sum_{k=1}^{n} c_{kj} \boldsymbol{e}_k \tag{7.2}$$

となる．式（7.1）から

$$\boldsymbol{w}_1 \wedge \boldsymbol{w}_2 \wedge \cdots \wedge \boldsymbol{w}_n = \det A \ \boldsymbol{u}_1 \wedge \boldsymbol{u}_2 \wedge \cdots \wedge \boldsymbol{u}_n \tag{7.3}$$

$$= \det A \det B \ \boldsymbol{e}_1 \wedge \boldsymbol{e}_2 \wedge \cdots \wedge \boldsymbol{e}_n. \tag{7.4}$$

一方，式（7.2）によれば

$$\boldsymbol{w}_1 \wedge \boldsymbol{w}_2 \wedge \cdots \wedge \boldsymbol{w}_n = \det C \ \boldsymbol{e}_1 \wedge \boldsymbol{e}_2 \wedge \cdots \wedge \boldsymbol{e}_n$$

なので

$$\det A \det B \ \boldsymbol{e}_1 \wedge \boldsymbol{e}_2 \wedge \cdots \wedge \boldsymbol{e}_n = \det C \ \boldsymbol{e}_1 \wedge \boldsymbol{e}_2 \wedge \cdots \wedge \boldsymbol{e}_n.$$

両辺の係数が等しいから

$$\det A \det B = \det C.$$

$C = AB$ なので

定理 7.1

$$\det(AB) = \det A \ \det B. \qquad (7.5)$$

これが行列式の乗法定理である.

コラム　ベトナムのベクトル

1995 年にベトナムを訪問し，高校の数学教育を見る機会があった.「ベクトルには大きさ，方向，向きがある.」と教えていた．ベトナムでは，高校で逆三角関数も教えられており，国際数学オリンピックでも常に上位に位置するほど数学教育の盛んな国である．ベトナムの数学教育はフランスの影響を大きく受けながらも，全体にクラシックでハイレベルなものであり，高校生は大学入試のために数学を猛勉強する．大学入試問題には数学の難問が多く，日本の受験生ではほとんど解けそうもない.

一方フランスでは早い時期に数学教育が現代化され，中学の教育から三角形の合同条件などが追放され，ベクトルを平行移動として教えるようになったのである.

第 8 章

巻末補充問題

ここでは比較的簡単な問題を集めた.

8.1　第1章 雑題

1.　$A = \begin{pmatrix} 6 & 1 \\ 4 & 3 \end{pmatrix}$ とおく．

(1) 行列 A の固有値 λ, μ を求めよ．

(2) λ, μ にそれぞれ対応する固有ベクトル $\boldsymbol{u}, \boldsymbol{v}$ を求めよ．

(3) $T = (\boldsymbol{u} \quad \boldsymbol{v})$ とおくとき $D = T^{-1}AT$ を求めよ．

(4) $A^n = TD^nT^{-1}$ を用いて A^n を求めよ．

2.　$A = \begin{pmatrix} 10 & 1 \\ -4 & 6 \end{pmatrix}$ とおく．

(1) 行列 A の固有値 λ を求めよ．

(2) $C = A - \lambda E$ を求めよ．

(3) $\boldsymbol{u} = C\boldsymbol{e}_1, \boldsymbol{v} = \boldsymbol{e}_1$（$\boldsymbol{e}_1$ は基本ベクトル）を求めよ．

(4) $T = (\boldsymbol{u} \quad \boldsymbol{v})$ とおくとき $L = T^{-1}AT$ を求めよ．

(5) $A^n = TL^nT^{-1}$ を用いて A^n を求めよ．

8.2　第4章 雑題

1.　4元数に対して次を示せ．

(1) $q = a + q_1 \in \boldsymbol{H},\ a \in \mathbf{R},\ q_1,\ \xi \in \boldsymbol{H}_0$ に対して

$$\eta = q\,\xi\,\overline{q} = a^2\xi + 2aq_1 \times \xi - q_1\xi q_1 \in \boldsymbol{H}_0.$$

(2) $q_1\xi q_1 = -2(q_1 \cdot \xi)q_1 + (q_1 \cdot q_1)\xi.$

8.3 模擬試験問題 1

数 $a \neq b$ について

1. $A = \begin{pmatrix} 4a-3b & 2a-2b \\ -6a+6b & -3a+4b \end{pmatrix}$ とおく．

(1) 行列 A の固有値 λ, μ を求めよ．

(2) λ, μ にそれぞれ対応する固有ベクトル $\boldsymbol{u}, \boldsymbol{v}$ を求めよ．

(3) $T = (\boldsymbol{u} \quad \boldsymbol{v})$ とおくとき $D = T^{-1}AT$ を求めよ．

(4) $A^n = TD^nT^{-1}$ を用いて A^n を求めよ．

2. $A = \begin{pmatrix} a+6 & 4 \\ -9 & a-6 \end{pmatrix}$ とおく．

(1) 行列 A の固有値 λ を求めよ．

(2) $C = A - \lambda E$ を求めよ．

(3) $\boldsymbol{u} = C\boldsymbol{e}_1, \boldsymbol{v} = \boldsymbol{e}_1$（$\boldsymbol{e}_1$ は基本ベクトル）を求めよ．

(4) $T = (\boldsymbol{u} \quad \boldsymbol{v})$ とおくとき $L = T^{-1}AT$ を求めよ．

(5) $A^n = TL^nT^{-1}$ を用いて A^n を求めよ．

3. $x^2 + y^2 = 9$ を満たすとき $k = 5x + 12y$ の最大値 M と最小値 m を求め，それらを与える x, y をそれぞれ求めよ．

4. 2 次曲線

$$7x^2 - 12xy + 7y^2 + 2x + 2y = 1$$

の標準形を求め，それが楕円ならその面積，双曲線ならその漸近線を（x, y の式で）求めよ．

5.　2次曲線 $ax^2 + 2hxy + by^2 = 1$（ただし $a > 0,\ ab - h^2 > 0$）は楕円になることを示し，その面積を求めよ．

6.　正方行列 A, B は $AB = 2A + 2B$ を満たす．この A, B は $AB = BA$ を満たすことを示せ．

8.4　模擬試験問題2

1.　$f(x) = x + 2,\ g(x) = x^2,\ h(x) = 1 + x + x^2$ とおく．

$\begin{pmatrix} f(a) & f(b) & f(c) \\ g(a) & g(b) & g(c) \\ h(a) & h(b) & h(c) \end{pmatrix}$ の行列式を因数分解せよ．

2.　行列 T は実直交行列とする．

- T の行列式は ± 1 であることを示せ．
- 行列 T の固有値 λ は 虚数 $a + bi$ とする．その固有ベクトルを実ベクトル $\boldsymbol{y}, \boldsymbol{z}$ を用いて $\boldsymbol{y} + \boldsymbol{z}i$ とするとき $T\boldsymbol{y} = a\boldsymbol{y} - b\boldsymbol{z},\ T\boldsymbol{z} = b\boldsymbol{y} + a\boldsymbol{z}$ を示せ．
- $T\boldsymbol{y} \cdot T\boldsymbol{y} = \boldsymbol{y} \cdot \boldsymbol{y}, T\boldsymbol{y} \cdot T\boldsymbol{z} = \boldsymbol{y} \cdot \boldsymbol{z}, T\boldsymbol{z} \cdot T\boldsymbol{z} = \boldsymbol{z} \cdot \boldsymbol{z}$ を示せ．
- $a^2\boldsymbol{y}^2 + b^2\boldsymbol{z}^2 - 2ab\boldsymbol{y} \cdot \boldsymbol{z} = \boldsymbol{y}^2, b^2\boldsymbol{y}^2 + a^2\boldsymbol{z}^2 + 2ab\boldsymbol{y} \cdot \boldsymbol{z} = \boldsymbol{z}^2$ を示せ．
- $a^2 + b^2 = 1$ を示せ．
- $\boldsymbol{y} \cdot \boldsymbol{z} = ab(\boldsymbol{y}^2 - \boldsymbol{z}^2) + (a^2 - b^2)\boldsymbol{y} \cdot \boldsymbol{z}$ を示せ．
- $\boldsymbol{y} \cdot \boldsymbol{z} = 0,\ |\boldsymbol{y}| = |\boldsymbol{z}|$ を示せ．

3. 次の方程式の拡大係数行列を作り，掃き出し法（行についての基本変形 3 種の組み合わせ）で解け（a, b, c は定数）.

$$\begin{cases} 2x + y = a \\ 3y + z = b \\ x + 4z = c \end{cases}$$

4. 実関数全体の作るベクトル空間の部分空間として 1 と $\cos\theta$ から生成された部分空間を V，1 と $\cos(2\theta)$ から生成された部分空間を W，1 と $\cos\theta$ と $\cos^2\theta$ から生成された部分空間を Z とおく（θ は変数）.

- $1, \cos\theta, \cos(2\theta)$ は 1 次独立であることを示せ.
- $U_1 = V \cap W$, $U_2 = V + W$, $U_3 = V + W + Z$ とおくときこれらの次元を求めよ.

8.5　模擬試験問題 3

1.
- $\boldsymbol{a} = \begin{pmatrix} 1 \\ i \\ -1 \end{pmatrix}$ の大きさ（絶対値）$|\boldsymbol{a}|$ を求めよ.
- ベクトル空間 $V = \{\boldsymbol{u} \in \mathbf{C}^3 \mid (\boldsymbol{u}, \boldsymbol{a}) = 0\}$ の基底を 1 つ与えよ.

2. n 次行列 A が $A^* = iA$ を満たすとき $B = (1+i)A$ はエルミート行列になることを示せ.

3. 4元数 q に対して $q=a+bi+cj+dk$, $\xi=bi+cj+dk$ (a,b,c,d は実数) のとき $a-\xi$ を $\overline{q}$ と書き，4元数 q の共役とよぶ.

- $q=a+bi+cj+dk$ に対し $q\overline{q}=a^2+b^2+c^2+d^2$ となることを示せ.
- $q=\cos(\theta)i+\sin(\theta)j$, $\xi=bi+cj+dk$ のとき $q\xi\,\overline{q}$ を求めよ.

4. 複素数 $\alpha,\beta,\gamma,\delta$ が関係 $\alpha\overline{\alpha}+\beta\overline{\beta}=2$, $\gamma\overline{\gamma}+\delta\overline{\delta}=2$, $\alpha\overline{\gamma}+\beta\overline{\delta}=0$ を満たす．このとき次を示せ.

- $\alpha\overline{\alpha}+\gamma\overline{\gamma}=2,\ \beta\overline{\alpha}+\delta\overline{\gamma}=0,\ \beta\overline{\beta}+\delta\overline{\delta}=2,$
- $\alpha\overline{\alpha}=\delta\overline{\delta}.$

5. n 次行列 P,Q について $[P,Q]=PQ-QP$ とおく.
n 次行列 P,Q,R について次を示せ.

$$[[P,Q],R]+[[Q,R],P]+[[R,P],Q]=0.$$

6. A,B,C を複素 n 次行列とする．複素 n 次ベクトル $\boldsymbol{v}$ はエルミート内積 $(\boldsymbol{u},\boldsymbol{v})$ について $(\boldsymbol{v},\boldsymbol{v})=1$ を満たすとし，以下これを固定して考える.
$\langle A\rangle=(A\boldsymbol{v},\boldsymbol{v})$ と $\langle A\rangle$ を定義し $\Delta A=A-\langle A\rangle E$ (E は単位行列) と定める.

- $\langle\Delta A\rangle=0$ を証明せよ.
- A がエルミート行列のとき $\langle A^2\rangle=|A\boldsymbol{v}|^2$ を証明せよ.
- n 次行列 P,Q について $[\Delta P,\Delta Q]=[P,Q]$ を証明せよ.
- A,B をエルミート行列とするとき $\langle[A,B]\rangle=-2i\,\mathrm{Im}(A\boldsymbol{v},B\boldsymbol{v})$ を示せ.
- A,B をエルミート行列とするとき複素シュワルツ不等式

$|A\boldsymbol{v}|^2|B\boldsymbol{v}|^2 \geqq |(A\boldsymbol{v}, B\boldsymbol{v})|^2$ を用いて

$$|A\boldsymbol{v}||B\boldsymbol{v}| \geqq \frac{|\langle [A,B] \rangle|}{2}$$

を示せ.

- A, B をエルミート行列とするとき

$$\sqrt{|\langle A^2 \rangle \langle B^2 \rangle|} \geqq \frac{|\langle [A,B] \rangle|}{2}$$

を示せ.

- A, B をエルミート行列とするとき

$$\sqrt{|\langle (\Delta A)^2 \rangle \langle (\Delta B)^2 \rangle|} \geqq \frac{|\langle [A,B] \rangle|}{2}$$

を示せ.

8.6 略解とヒント

第 1 章 雑題

1. 固有値は 2, 7. 固有ベクトル $\boldsymbol{u} = \begin{pmatrix} 1 \\ -4 \end{pmatrix}$, $\boldsymbol{v} = \begin{pmatrix} 1 \\ 1 \end{pmatrix}$; $T = \begin{pmatrix} 1 & 1 \\ -4 & 1 \end{pmatrix}$, $T^{-1} = \dfrac{1}{5}\begin{pmatrix} 1 & -1 \\ 4 & 1 \end{pmatrix}$.

$$A^n = \frac{1}{5}\begin{pmatrix} 2^n + 4 \cdot 7^n & -2^n + 7^n \\ -4 \cdot 2^n + 4 \cdot 7^n & 4 \cdot 2^n + 7^n \end{pmatrix}.$$

2. 固有値は 8. $T = \begin{pmatrix} 2 & 1 \\ -4 & 0 \end{pmatrix}$, $T^{-1} = \dfrac{1}{4}\begin{pmatrix} 0 & -1 \\ 4 & 2 \end{pmatrix}$.

第4章 雑題

純4元数の積 $q_1\xi q_1$ に，ベクトル積の場合のラグランジュの公式を使えばよい．

模擬試験問題1 略解

1. 固有値は a, b. $T = \begin{pmatrix} 2 & 2 \\ -3 & -4 \end{pmatrix}$, $T^{-1} = \frac{-1}{2}\begin{pmatrix} -4 & -2 \\ 3 & -2 \end{pmatrix}$;

$A^n = \begin{pmatrix} 4a^n - 3b^n & 2a^n - 2b^n \\ -6a^n + 6b^n & -3a^n + 4b^n \end{pmatrix}$.

2. 固有値は a. $L = \begin{pmatrix} a & 1 \\ 0 & a \end{pmatrix}$, $T = \begin{pmatrix} 6 & 1 \\ -9 & 0 \end{pmatrix}$, $T^{-1} = \frac{1}{9}\begin{pmatrix} 0 & -1 \\ 9 & 6 \end{pmatrix}$; $A^n = a^{n-1}\begin{pmatrix} a + 6n & 4n \\ -9n & a - 6n \end{pmatrix}$.

3. $M = 39\left(x = \frac{15}{13}, y = \frac{36}{13}\right), m = -39$.
（コーシー・シュワルツの不等式を使う）

4. 楕円．面積は $\frac{3\pi}{\sqrt{13}}$.

5. $\frac{\pi}{\sqrt{ab - h^2}}$.

6. $(A - 2E)(B - 2E) = 4E$ より $(A - 2E)(B - 2E) = (B - 2E)(A - 2E)$.

模擬試験問題 2 略解

1. $d(f,g,h)=\begin{pmatrix} f(a) & f(b) & f(c) \\ g(a) & g(b) & g(c) \\ h(a) & h(b) & h(c) \end{pmatrix}$ とおくとき，$h_1=h-g$ について行列式の性質により

$$d(f,g,h)=d(f,g,h-g)=d(f-h_1,g,h_1).$$

ここで，$h_1=x, f-h_1=1$ によれば，$d(f,g,h)$ は a, b, c の差積.

2. 内積の性質から $T\boldsymbol{y}\cdot T\boldsymbol{y}=\boldsymbol{y}\cdot {}^tTT\boldsymbol{y}=\boldsymbol{y}\cdot\boldsymbol{y}$ などを使う.

3. $x=\dfrac{12a-4b+c}{25}$，$y=\dfrac{a+8b-2c}{25}$，$z=\dfrac{-3a+b+6c}{25}$.

4. $\cos(2\theta)=2\cos^2\theta-1$ を使う.

模擬試験問題 3 略解

1. $\sqrt{3}$. 成分が $i,1,0$ のベクトルと成分が $1,0,1$ のベクトル.
その他は順に計算すればよい.

関連図書

[1] 秋月康夫，鈴木通夫著『高等代数学 II』（岩波書店，1957）

[2] 坪井俊著『ベクトル解析と幾何学』（朝倉書店，2002）

[3] V.J. Katz 著，上野健爾・三浦伸夫監修，中根美知代・高橋秀裕・林知宏・大谷卓史・佐藤健一・東慎一郎・中澤聡訳『カッツ 数学の歴史』（共立出版，2006）

[4] 山本義隆著『重力と力学的世界』（現代数学社，2003）

[5] サミュエル・スマイルズ著，中村正直訳『西国立志編』（講談社学術文庫現代数学社，1991，原著 1858）

索　引

memo

memo

memo

memo

memo

memo

〈著者紹介〉

飯高　茂（いいたか しげる）

略　歴

1942 年 5 月 29 日　千葉県生まれ．
県立千葉高校卒業
東京大学理学部数学科卒業，同大学院理学系研究科修士課程数学専攻修了．
東京大学理学部助手，専任講師，助教授を経て
1985 年から学習院大学理学部教授．理学博士．
専門は代数幾何，とくに代数多様体の双有理不変構造の研究．

著　書

『いいたかないけど数学者なのだ』，NHK 出版，2006.
『数の不思議世界』，岩波書店，2004.
『平面曲線の幾何』，共立出版，2001.

数学のかんどころ **1**

内積・外積・空間図形を通して
ベクトルを深く理解しよう

（*Vector through Outer Products and Solid Geometry*）

2011 年 6 月 15 日　初版 1 刷発行

著　者　飯高　茂　© 2011

発行者　南條光章

発行所　**共立出版株式会社**

東京都文京区小日向 4-6-19
電話　03-3947-2511（代表）
郵便番号　112-8700
振替口座　00110-2-57035
URL http://www.kyoritsu-pub.co.jp/

印　刷　大日本法令印刷

製　本　協栄製本

社団法人
自然科学書協会
会員

Printed in Japan

検印廃止

NDC 414.7

ISBN 978-4-320-01981-2